基礎から学べる 機械力学

伊藤 勝悦 著

森北出版株式会社

● 本書のサポート情報を当社 Web サイトに掲載する場合があります．下記の URL にアクセスし，サポートの案内をご覧ください．

　　　　　　　　http://www.morikita.co.jp/support/

● 本書の内容に関するご質問は，森北出版 出版部「(書名を明記)」係宛に書面にて，もしくは下記の e-mail アドレスまでお願いします．なお，電話でのご質問には応じかねますので，あらかじめご了承ください．

　　　　　　　　editor@morikita.co.jp

● 本書により得られた情報の使用から生じるいかなる損害についても，当社および本書の著者は責任を負わないものとします．

■ 本書に記載している製品名，商標および登録商標は，各権利者に帰属します．

■ 本書を無断で複写複製（電子化を含む）することは，著作権法上での例外を除き，禁じられています．複写される場合は，そのつど事前に (社) 出版者著作権管理機構 (電話 03-3513-6969，FAX 03-3513-6979，e-mail：info@jcopy.or.jp) の許諾を得てください．また本書を代行業者等の第三者に依頼してスキャンやデジタル化することは，たとえ個人や家庭内での利用であっても一切認められておりません．

はじめに

　一般に，機械や構造物には荷重がはたらくが，この荷重が大きければ機械や構造物は壊れてしまう．外力の大きさが小さくても荷重が周期的にはたらけば，機械は激しく振動して壊れてしまう場合もあるので注意しなければならない．壊れるほどの振動ではなくても，一般に，振動は機械に好ましい影響を与えることは少ない．以上のように，機械や構造物に動的な外力や変位が与えられたときの物体の移動の状態を解明する学問が機械力学（機械振動学）である．機械工学科で学ぶ，材料力学，流体力学，熱力学，機械力学が4力（よんりき）といわれていることからもわかるように，機械力学は重要な専門科目である．

　機械や構造物の動きの量（変位）を求めるためには，微分方程式を解く必要がある．機械の構造が複雑になれば，簡単な微分方程式が得られなくなり，変位の解明も困難になる．しかし，多くの機械は，いくつかの物体とばねと粘性抵抗器（ダッシュポット）で置き換えてモデル化して解いても，かなりの精度で動きの状態を解明できる．

　著者が学生であったころは，計算尺を用いて数値計算を行っていた．しかし，いまは，デスク横に著者の使用能力をはるかに超えるコンピュータが贅沢にも置かれている．コンピュータの能力向上によって，以前は機械や構造物の形状が複雑で解くことが困難であった問題も，現在は数値解析用のソフトウェアを用いて解析可能となっている．しかし，得られた数値結果の解が正しいかどうかを判定するためには，すでに解かれている解と突き合わせて確認する必要がある．このため，複雑な機械や構造物を単純なモデルに置き換えて解く手法をマスターしておくことは，現代においても重要なことである．

　本書では，機械力学の基礎的な事項を理解してほしいため，以下の点に配慮している．

① 力学の基礎を第1章で復習している．
② 数学の基礎公式を付録Bに列記している．
③ 図において，力や変位はベクトルでの表示を避けて，矢印と近くに描かれたスカラーで表している．
④ 複素数はラプラス変換では用いられているが，実質的にはどこにも用いられていない．

⑤ すべての数式を，できるだけわかりやすく導いている．
⑥ 練習問題のすべてに詳細な解答を与えている．

どのような複雑な振動であっても，微分方程式を外れて振動する事はできない．微分方程式さえ正しく導くことができれば，その方程式の解法はすでに応用数学の教科書に与えられている．本書では，就職後に設計部などに所属されて，振動問題に直面したときに対応できるように微分方程式を丁寧に導いている．少し興味をもって学んでもらえれば，ほとんどの式の展開を理解できる．

本書では，自励振動，連続体の振動には触れていない．自励振動については微分方程式を導くことができれば，解法は応用数学の教科書に与えられている．連続体の振動に対しては偏微分方程式が得られるが，この方程式の解法も難しくはない．これらについては必要となったときに学べばよいと考えている．

本書の出版に際しては，技術士（機械部門）の中嶋 浩氏に原稿を丁寧に読んでいただき，貴重なご助言をいただいた．当時学生の松田貴宏さんには，数値計算を行ってもらい，グラフを作成していただいた．森北出版の福島崇史氏にはお世話になった．出版部の皆様の温かいご助力にもお礼申し上げる．

2015 年 9 月

著 者

目　次

第1章　力学の基礎　　1

1.1　質量と力の単位　　1
1.2　座標と変位　　3
1.3　運動方程式　　5
1.4　角運動方程式　　6
1.5　慣性モーメント　　7
練習問題　　12

第2章　物体の振動と運動方程式　　13

2.1　物体の振動と機械力学　　13
2.2　自由振動，強制振動，自由度　　14
2.3　自由振動の運動方程式　　15
2.4　微分方程式の解　　16
2.5　振幅，周期，固有角振動数　　18
練習問題　　23

第3章　回転体の振動と角運動方程式　　25

3.1　回転振動の角運動方程式　　25
3.2　2枚の円板の系の固有角振動数　　26
練習問題　　30

第4章　はり，軸，船舶の自由振動　　31

4.1　物体を支える軽量なはりの振動　　31
4.2　円板を支える軽量な軸の振動　　32
4.3　船舶の自由振動　　33
練習問題　　34

第5章　減衰系の自由振動　　36

5.1　減衰振動と非減衰振動　　36

5.2 微分方程式の解法　　38
5.3 1質点系の微分方程式　　42
練習問題　　49

第6章　自由振動の変位とエネルギーの消費　　50

6.1 対数減衰率　　50
6.2 1周期の消失エネルギー　　53
6.3 物体の振動と摩擦力　　56
練習問題　　61

第7章　減衰系と非減衰系の強制振動（1自由度）　　62

7.1 強制振動と運動方程式　　62
7.2 運動方程式の解　　63
7.3 固有角振動数と機械の共振　　68
7.4 振幅倍率と減衰比　　70
7.5 伝達率　　71
7.6 非減衰強制振動　　75
練習問題　　78

第8章　基礎部の振動による強制振動　　79

8.1 質点系の取り付け部の振動　　79
8.2 運動方程式の解　　80
8.3 走行車両の変位　　83
8.4 地盤の水平動による建物の振動　　88
練習問題　　89

第9章　2自由度の自由振動と強制振動　　90

9.1 2自由度以上の振動　　90
9.2 2自由度の自由振動　　91
9.3 2自由度のはりの振動　　96
9.4 2自由度の強制振動　　99
9.5 動吸振器　　101
9.6 多自由度の自由振動，減衰自由振動，強制振動　　104
練習問題　　104

第10章　軸の危険速度　　106

10.1　回転体の振動　　106
10.2　はりのたわみ式とばね定数　　106
10.3　軸の危険振動数　　108
10.4　危険速度で回転する軸の変位　　112
練習問題　　114

付録A　ラプラス変換による解法　　116

A.1　ラプラス変換　　116
A.2　基礎関数のラプラス変換（その1）　　117
A.3　移動定理　　119
A.4　微分式のラプラス変換　　119
A.5　基礎関数のラプラス変換（その2）　　120
A.6　ラプラス逆変換のための式の変形　　122
A.7　運動方程式のラプラス変換による解法　　123
練習問題　　126

付録B　機械力学でよく用いられる数学公式　　127

練習問題解答　　129

索　引　　148

　より発展的な内容であるモード解析，自励振動，連続体の振動などについては，下記 URL の「補足資料」からダウンロードできる．お役立ていただければ幸いである．

https://www.morikita.co.jp/books/mid/065041

2018年11月

著　者

第1章 力学の基礎

「質量とは何ですか」と聞いたとき，「物の量(りょう，かさ)です」と答えられれば，さらにわからなくなる．また，力の単位はニュートンであるが，どれくらいの値であるか把握していない場合もある．本章では，質量，力，単位について解説する．機械力学では，変位や角変位を座標で与えて，運動方程式や角運動方程式(微分方程式)を導いて解く．これらの運動方程式と角運動方程式の導き方についても解説する．最後に慣性モーメントを解説しているが，これは角運動方程式を求めるときに必要となる．また，座標は一人二役のはたらきをもつが，これについても解説する．

1.1 質量と力の単位

(1) 単位

私たちが物の多さとか移動物体の速さなどをほかの人に伝えるとき，あらかじめ「このような量を1とする」と決めておかないと，説明が難しくなる．たとえば，丸棒を加工してもらうときに，「少し長めの鋼材の丸棒をつくってください」と頼んでも，頼まれたほうは戸惑うばかりである．明確に「長さが 0.560 m で直径が 0.060 m の丸棒を加工してください」と頼まないと，受け付けてはもらえない(鋼の材質や加工精度なども必要となるが，ここでは触れない)．0.560 m は 0.560×1.0 m を意味しているが，×の次の 1.0 m が長さの単位である．

単位とは1の量を示すが，長さの単位である 1 m の量はどの程度であるかは，巻き尺を持ってきて見ればわかる．単位とは1の量を示すので，たとえば長さの場合は，わざわざ 1 m とはいわないで，1 を略して長さの単位は m であるという．機械技術者が用いる量は「長さ」，「時間」，「力」，「質量」，およびこれらの4個から構成される量である．時間の単位は s (秒，セカンドあるいはセックという)であり，単位の 1 s がどの程度の長さになるかについては，腕時計を少し眺めていればわかる．

(2) 力

次に，力の単位について説明する．図 1.1 に示すように，水 0.102 L（リットル）を重さのないビーカーに入れて手でもったとき，手はビーカーから押されるが，ビーカーが手を押す力が単位の力である 1 N（ニュートン）である．

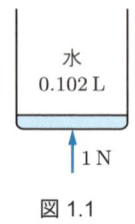

図 1.1

(3) 質量

機械力学では運動方程式と角運動方程式を解くが，これらの式には質量と慣性モーメントが関与してくる．慣性モーメントについては 1.5 節で述べるので，ここでは質量について説明する．

手押し車に友だちを一人だけ載せて動かす場合と，二人載せて動かす場合を考えれば，どちらのほうが動きにくいであろうか．一人よりも二人載せたほうが動きにくい．これは，一人の質量よりも二人のほうが質量が大きいからである．したがって，質量とは，「物体の動きにくさの程度を示す量」である．単位の質量は水 1 L の動きにくさの程度であり，これを 1 kg としている（正確には，フランスのパリ郊外に保存されている金属の塊が 1 kg である）．

(4) 力の単位 N（ニュートン）

質量 m [kg] の物体に力 F [N] を加えたとき，a [m/s^2（メーターパーセックの二乗）] の加速度が発生したとすれば，ニュートンの第 2 法則より次式が成立する．

$$F = ma \tag{1.1}$$

式 (1.1) に $m = 1.0$ kg，$a = 1.0$ m/s^2 を代入すると次式を得る．

$$F = ma = 1.0 \times 1.0 = 1.0 \text{ kgm/s}^2 \tag{1.2}$$

$F = 1.0$ kgm/s^2 となり，F は単位の値 1.0 をもつ．正式には，力の単位は kgm/s^2（キログラムメーターパーセックの二乗）となり，力の単位としてこれを用いてもよいが，普通は kgm/s^2 の代わりに N を用いる．

(5) 重力単位

新幹線に乗ればわかるが，座席の前のテーブルには，「テーブルの重量制限：10 kg」と書かれている．10 kg の kg には f さえもついていないが，**重力単位系（工学単位系）**の力の単位である．国際的には重力単位系の単位を用いないようにすることが決められているが，現実には使われている．重力単位系の力の単位である kgf（f を付けない場合が多い）について説明する．図 1.2 に示すように，重さの無視できるビーカーに 1 L の水を入れて手でもったとき，手が受ける力が重力単位系の力の単位である 1 kgf（1 キログラムエフ，1 キログラムフォース）である．

仮に，重力単位系の力の単位である kgf（f が付かない場合が多い）を絶対単位系（国際単位系）の N に直す必要がある場合は，1 kgf を 9.80 N とすればよいことを知っておいてほしい．

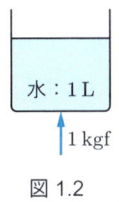

図 1.2

1.2　座標と変位

(1) 座標

機械力学では，運動方程式と角運動方程式を解くが，これらの方程式には，通常，座標に用いられる x や θ が出てくる．座標は位置を示すために用いられるが，運動方程式と角運動方程式では変数として用いられるので戸惑うだろう．機械力学では，1 個の物体に対して 1 個の座標で位置がわかるようにして処理する（物体の動きが平行移動と回転移動を伴うときは 2 個の座標が必要となる）．

(2) 変位

物体の位置を示すために，図 1.3 に示すように，静止の位置に原点をもち右に向かう x 座標を採用する．この物体に，たとえば，力がはたらいて物体が点 A の位置に動いたとする．物体の移動については，時間を考慮しなくてもよい場合がある（たとえ

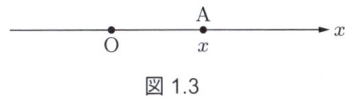

図 1.3

ば，材料力学で扱う荷重端の移動量やはりのたわみなど)．しかし，機械力学ではすべての場合に対して時間が関与してくる．時間 t のゼロをどの時点にとるかについては勝手に採用してよいが，普通は物体が静止の位置から移動するときの時刻を $t = 0$ とする(時刻とはある瞬間の時間を表す．一方，時間は瞬間の時間も表し，短い時間も長い時間も示す．したがって，時間はやや曖昧な表現だといえる)．

図 1.3 に示すように，時刻 $t = 0$ のときに座標値 $x = 0$ にあった物体が，時刻 $t = t$ のときに座標値が $x = x$ になったとする(座標と座標値の相違については，(3) 項で説明する)．静止の位置に原点をもつ x 座標を採用すれば，物体は，時刻 $t = 0$ のときを基準にしたとき，x だけ変位したことになる．変位の意味を説明しないで「x だけ変位した」としてしまったが，ここで変位について説明する．**変位**とは，物体が移動した距離を示す．ただし，右側に移動した変位 u を正と決めておけば，左側に 0.23 m 移動した場合は，$u = -0.23$ m と表してよい．ここで注意しなければならないのは，$u = 0$ m の位置を決めておくことである．この位置はどこでもよいが，静止の位置の変位をゼロとし，右に移動する量を u で表すと決めておくと便利である．もしも，このように決めるのであれば，新たに変数 u を導入しなくても，x 座標の座標値 x で変位を表すことにしてもよい．座標とは，位置を示すために採用されるが，この x を借用して物体の変位を表してしまうこともできる．

(3) 座標値

座標にも実際の物体の位置にも x を用いるのが普通であるので，本書では，位置を示す x を**座標値**ということにする．この座標値で物体の変位も表す．座標値(変位) x が正でも負でも，座標軸上に黒点を打って物体の変位を表す．x 座標の原点から矢印を用いて図 1.4 のように物体の変位を表す場合は，少し注意する必要がある．変位 x が正の場合は，図 1.4(a) のように x を矢印に添えてよい．しかし，変位 x が負の場合は，図 1.4(b) のように，安易に矢先を両端に付けた矢印を描いて x を添えてはいけない．図 1.5(a) に示すように矢印を描く必要がある．矢先を両端に付ける場合は，図 1.5(b) のように，$-x$ とするか，$|x|$ としなければならない．なぜなら，両端に矢先のある矢印は距離を示すので，添える変数は正にしなければいけないからである．

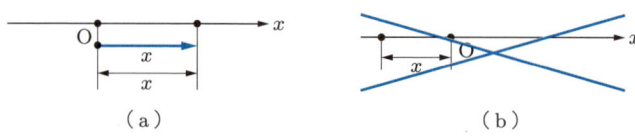

図 1.4

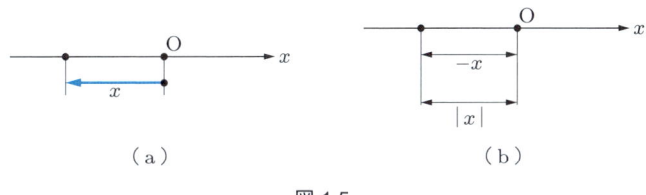

図 1.5

注意：東京駅から京都駅まで新幹線に乗って移動したとき，乗客の変位は約 500 km である．このような移動距離も変位という．

1.3 運動方程式

前節では，力，質量，変位を説明したので，本節では運動方程式の立て方について述べる．機械力学では，機械や構造物を，物体にばねやダッシュポット†を連結したモデルに置き換えて微分方程式を導く．

物体もばねもダッシュポットも機能が異なる機器であるが，これらの異なる作用の機器を組み合わせて，まったく別の作用する構造体を構成したとき，この構造体を**システム（系）**という．本節では，最も簡単な系を考えて運動方程式を導いてみる．

図 1.6(a) に示すように，滑らかな水平面に置かれた質量 m の物体の左側にばね定数 k のばねを取り付けて，左端の剛性壁 A に取り付ける．物体の静止の位置に原点をもち右に向かう x 座標（x 軸）を採用する．x 座標は物体の重心（小さな物体の場合，中心であるとしてよい）に一致させて描けばよいのであるが，図が煩雑になるのを防ぐために，少し上側に描いている．物体には，x 座標の正の方向に向かう外力 F がはたらくとして運動方程式を導く（図 1.6(a) の物体にばねから加えられる力も外力 F に含めてもよいが，本節では，純粋に物体に外から加えられる力を F とし，ばねによる

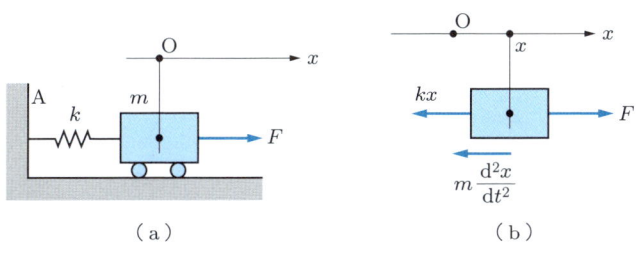

図 1.6

---

† 5.1 節で説明するが，細い孔にオイルを通して抵抗を発生させる機器で，減衰機ともいう．

力は別の矢印で与えている)．

物体の運動方程式は式(1.1)を基にして構成するのであるが，次の順序に従って導いたほうがよい．

① 物体の変位を示す x 座標を採用する．
② 物体を，変位 x が正となる位置に変位させる(変位 x が負になるように変位させると，余計な注意を払う必要があるので避ける)．
③ 物体を x だけ変位させたとき，物体にはたらく力をすべて矢印で示して図に描く．
④ 座標軸の正とは逆向きに矢印を描いて**慣性抵抗** $m \times \mathrm{d}^2x/\mathrm{d}t^2$ を添える．
⑤ 座標 x の正の向きにはたらく力を慣性抵抗 $m \times \mathrm{d}^2x/\mathrm{d}t^2$ も含めて足し合わせてゼロとする．

それでは，図 1.6(a) の物体の運動方程式を導こう．物体を x だけ変位させて空中に取り出して図 (b) に描く．物体は x だけ変位しているため，ばねから kx で引かれるので，図 (b) に示すように矢印を描いて kx を添える．慣性抵抗の矢印を x 軸の正方向とは逆向きに描いて $m \times \mathrm{d}^2x/\mathrm{d}t^2$ を添える．慣性抵抗も含めた力を足してゼロとすれば次式を得る．

$$-m\frac{\mathrm{d}^2x}{\mathrm{d}t^2} - kx + F = 0 \qquad \therefore \quad m\frac{\mathrm{d}^2x}{\mathrm{d}t^2} + kx = F \tag{1.3}$$

以上が，運動方程式の求め方である．機械力学では，式(1.3)のような運動方程式を導いて，この方程式の解を求めれば解析は終了となる．また，式(1.3)のように，求める変数(いまの場合は変位 x)が微分されているような式を**微分方程式**という．機械力学に出てくる微分方程式の解法は簡単である．その解については，そのつど説明していく．

なお，外力 F がはたらかないときは，式(1.3)は次式に変わる．

$$m\frac{\mathrm{d}^2x}{\mathrm{d}t^2} + kx = 0 \tag{1.4}$$

また，系にダッシュポットが関与してくる場合は，復元力 kx のほかに速度に比例する抵抗力が式(1.3)の形の式に追加されるだけである．

1.4 角運動方程式

図 1.7 に示すように，棒が点 O まわりに回転できるように取り付けられている場合を考える．この棒に外力がはたらく場合は，物体は点 O まわりに回転する．この物体の回転の様子を物体の角変位 θ を用いて表す．1.3 節では，物体の静止の位置に原

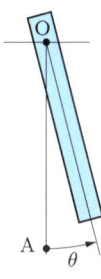

図 1.7

点をもつ x 座標を採用して,物体の変位を座標値 x で与えた.回転する物体に対しては,回転角 $\theta = 0$ の線分を,物体の静止の位置の鉛直線 OA に一致させて採用し,正の方向は図 1.7 に示すように反時計方向にとる場合が多い(角変位 θ の座標を時計まわり正にとる場合もある).

図 1.7 に示すように,点 O まわりに回転できる物体に,物体を角変位 θ の正の向きに回転させようとするトルク N がはたらいているとき,物体の角変位 θ は次の角運動方程式を満足しなければならない.

$$-J\frac{d^2\theta}{dt^2} + N = 0 \quad \text{あるいは} \quad J\frac{d^2\theta}{dt^2} - N = 0 \tag{1.5}$$

ここで,J は物体の点 O まわりの慣性モーメントである.図 1.7 では回転体の例として棒が用いられているが,回転できる物体であればどのような形状の物体に対しても式(1.5)を適用できる.また,図 1.7 では,ばねもダッシュポットも取り付けられていない棒を考えて式(1.5)を示した.実際の系には,ばねの復元力,ダッシュポットの抵抗力,外から加えられる外力などがはたらくが,式(1.5)では,すべての力によるトルクを N で表している.角運動方程式の導き方については,例題などに出てきたときに詳細に説明して導く.

注意:式(1.5)の導出の過程は工業力学で説明されている.

1.5 慣性モーメント

(1) 慣性モーメントの定義

物体が点 O まわりに回転できるような系の場合は,角運動方程式を導くときに,物体の慣性モーメント J が関与してくる.図 1.8 に示すように,質量 m の小物体が点 O から長さ a の軽い棒で取り付けられているとき,この物体の点 O まわりの慣性モー

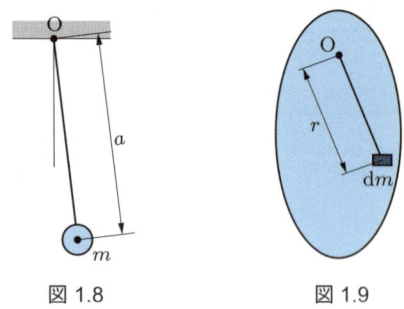

図 1.8　　　　　　　図 1.9

メント J は次式で計算される．

$$J = ma^2 \tag{1.6}$$

物体が図 1.9 に示すように広がりをもっているときは，物体を多くの微小な質量 dm に分割して，点 O からの距離 r の二乗を掛けて集めればよいので，次式となる．

$$J = \int r^2\, dm \tag{1.7}$$

dm の体積を dv とすれば $dm = \rho\, dv$ となるので，式 (1.7) は次式に変わる．

$$J = \int r^2\, dm = \int r^2 \rho\, dv = \rho \int r^2\, dv \tag{1.8}$$

ここで，ρ は物体の密度である．

例題 1.1　図 1.10 に示すように，密度が ρ，断面積が A，長さが $a+b$ の細い棒 AOB がある．この棒の点 O まわりの慣性モーメントを求めよ．

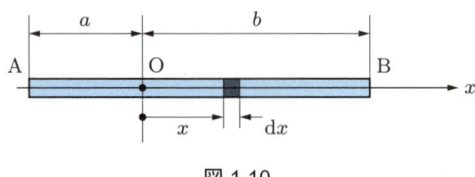

図 1.10

解答　図 1.10 に示すように x 座標を採用する．座標値 x の位置に x の微小な増分 dx を考えれば，この微小部分の体積は $A \times dx$ となるので，慣性モーメント J は次式で与えられる．

$$J = \int r^2\, dm = \int r^2 \rho\, dv = \rho A \int_{-a}^{b} r^2\, dx \tag{1.9}$$

r は点 O からの距離であるが，r^2 の場合は x の正負にかかわらず $r^2 = x^2$ となるので，式 (1.9) は次式となる．

$$J = \rho A \int_{-a}^{b} x^2 \,\mathrm{d}x = \frac{\rho A}{3}\left[x^3\right]_{-a}^{b} = \frac{\rho A}{3}[b^3 - (-a)^3] = \frac{\rho A}{3}(b^3 + a^3) \tag{1.10}$$

注意：式(1.9)の最後の積分には下端 $-a$ と上端 b が書かれているが，その前の二つの積分には，積分の範囲は書かれていない．この場合は細かく分けて集める程度の意味を示している．通常，積分変数 x が決まれば，積分の範囲が決まる．

例題 1.2 図 1.11 に示すように，密度 ρ，板厚 t，外半径 a，内半径 b の円板がある．この円板の中心の点 O を通り，紙面に垂直な軸まわりの慣性モーメントを求めよ．

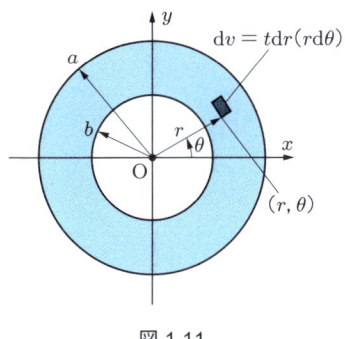

図 1.11

解答 図 1.11 に示すように極座標 (r, θ) を採用する（(x, y) 座標も描いてはいるが，ここでは不要である）．座標値 (r, θ) の位置に r の微小な増分 $\mathrm{d}r$ と θ の微小な増分 $\mathrm{d}\theta$ を考えて，これらの増分から構成される微小要素を考える．要素は微小であるので，直方体とみなせる．そのため，この要素の体積 $\mathrm{d}v$ は $t \times \mathrm{d}r \times (r\,\mathrm{d}\theta)$ で与えられる．したがって，慣性モーメント J は次式で計算される．

$$J = \int r^2 \,\mathrm{d}m = \int r^2 \rho \,\mathrm{d}v = \rho t \int_{b}^{a}\int_{0}^{2\pi} r^3 \,\mathrm{d}\theta \mathrm{d}r = \rho t \int_{0}^{2\pi} \mathrm{d}\theta \int_{b}^{a} r^3 \,\mathrm{d}r$$

$$= \rho t \times 2\pi \times \frac{1}{4}\left[r^4\right]_{b}^{a} = \frac{\pi \rho t (a^4 - b^4)}{2}$$

$$= \frac{\pi \rho t (a^2 - b^2)(a^2 + b^2)}{2} = M \times \frac{a^2 + b^2}{2} \tag{1.11}$$

ここで，$M = \pi \rho t (a^2 - b^2)$ は円板の質量である．孔のあいていない円板の場合は，式(1.11)で $b \to 0$ として次式を得る．

$$J = \frac{\pi \rho t a^4}{2} = M \times \frac{a^2}{2} \tag{1.12}$$

（2）直交軸の定理

慣性モーメントを求めるためには，式(1.7)の積分を実行すればよいだけであるが，積分が面倒な場合もある．このようなときは，直交軸の定理や平行軸の定理を適用して，必要とする慣性モーメントを求めることができる．詳細については，工業力学の教科書に述べられているので，定理の証明は省略して利用法についてだけ述べる．

図 1.12 に示すように，密度 ρ，半径 a，板厚 t の薄い円板の中心 O に原点をもつ (x, y, z) 座標を採用する．この円板の z 軸まわりの慣性モーメント J_z は，例題 1.2 の式(1.12)より次式で与えられる．

$$J_z = \frac{\pi \rho t a^4}{2} \tag{1.13}$$

いま，図 1.12 の板の x 軸まわりの慣性モーメントを J_x，y 軸まわりの慣性モーメントを J_y とすれば，形状が変わらないので次式が成立する．

$$J_x = J_y \tag{1.14}$$

直交軸の定理から次式が成立する．

$$J_z = J_x + J_y \tag{1.15}$$

式(1.14)と式(1.15)より次式を得る．

$$J_z = 2J_x \quad \therefore \quad J_x = \frac{1}{2} J_z \tag{1.16}$$

式(1.16)に式(1.13)を適用して次式を得る．

$$J_x = \frac{1}{2} J_z = \frac{\pi \rho t a^4}{4} = \frac{M a^2}{4} \tag{1.17}$$

ここで，M は円板の質量である．

ここでは，円板の中心 O に原点をもつ (x, y, z) 座標を採用したが，式(1.15)は物体の形状には無関係であり，任意の位置に採用された (x, y, z) 座標に対して成立する．式(1.15)の関係式を<u>直交軸の定理</u>という．

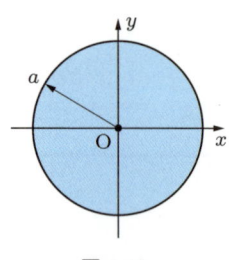

図 1.12

例題 1.3

図 1.13 に示すように，密度 ρ，横の長さ a，縦の長さ b，板厚 t の薄い長方形板の中心 O を通り，紙面に垂直な軸まわりの慣性モーメントを求めよ．

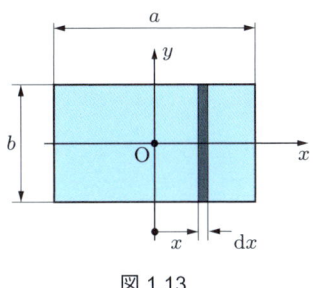

図 1.13

解答 板の中心に原点 O をもつ (x, y, z) 座標を，図 1.13 に示すように採用する．この長方形板の z 軸まわりの慣性モーメント J_z を求めればよい．図 1.13 の y 軸まわりの慣性モーメント J_y は，座標値 x の位置に x の増分 dx を考えて次式で計算される．

$$J_y = \int r^2 \, dm = \int r^2 \rho \, dv = \rho \int_{-a/2}^{a/2} x^2 bt \, dx = \frac{\rho bt}{3} \left[x^3 \right]_{-a/2}^{a/2}$$

$$= \frac{\rho bt}{3} \left[\left(\frac{a}{2} \right)^3 - \left(-\frac{a}{2} \right)^3 \right] = \frac{\rho bt a^3}{12} = M \frac{a^2}{12} \quad (1.18)$$

ここで，M は長方形板の質量である．

同様に，図 1.13 の x 軸まわりの慣性モーメント J_x は次式で与えられる．

$$J_x = \frac{\rho a t b^3}{12} = M \frac{b^2}{12} \quad (1.19)$$

直交軸の定理を適用すれば，J_z は次式で与えられる．

$$J_z = J_x + J_y = \frac{M}{12}(a^2 + b^2) \quad (1.20)$$

（3）平行軸の定理

密度 ρ，横の長さ a，縦の長さ b，板厚 t の薄い長方形板の中心 O を通り，紙面に垂直な軸まわりの慣性モーメント J_Z は，例題 1.3 の解答の式 (1.20) で与えられた．いま，図 1.14 に示すように (x, y, z) 座標をとるとき，z 軸まわりの慣性モーメント J_z は，次式で計算される．

$$J_z = M \times \left(\frac{b}{2} \right)^2 + J_Z = \frac{Mb^2}{4} + \frac{M}{12}(a^2 + b^2) = \frac{M}{12}(a^2 + 4b^2) \quad (1.21)$$

図 1.14 で，(X, Y, Z) 座標の原点は点 O に一致する．また，y 座標は Y 座標に重なってしまうので，少し左側にずらして描いている．

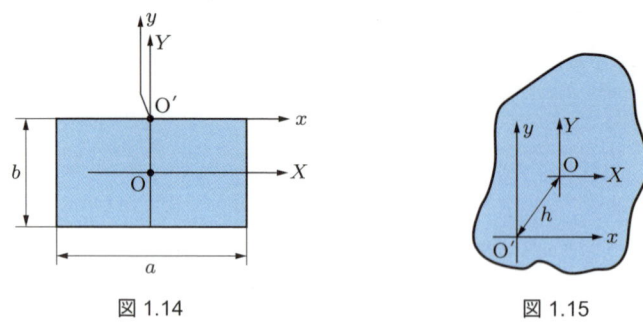

図 1.14　　　　　　　　図 1.15

　順序が逆になるが，式 (1.21) を一般的な式で表す．図 1.15 に示す物体の重心 O を原点とする (X, Y, Z) 座標を採用する．このとき，z 軸を Z 軸から距離 h だけ平行移動させた点 O′ に原点をもつ (x, y, z) 座標を採用すると，J_z は次式で与えられる．

$$J_z = M \times h^2 + J_Z \tag{1.22}$$

ここで，M は質量で，J_Z は重心を通る Z 軸まわりの慣性モーメントである．式 (1.22) を用いて慣性モーメントが求められるが，これを **平行軸の定理** という．

練習問題

1.1　図 1.16 に示すように，板厚 t，直径 d，密度 ρ の円板がある．図の点 A を通って紙面に垂直な軸まわりの慣性モーメント J を求めよ．

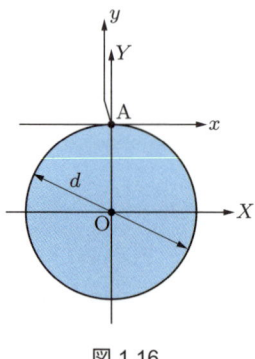

図 1.16

第2章 物体の振動と運動方程式

ボールを投げたとき，ボールは勝手に動くことはできず，必ず運動方程式が満たされるように動く．同様に，物体がばねで天井に取り付けられている場合なども，物体は必ず運動方程式を満たすように動くことが求められる．本章では，物体の運動を支配する運動方程式を導いて，物体の振動の様子を解説する．

2.1 物体の振動と機械力学

子供のころに乗ったブランコを考えてみる．ブランコは前後に揺れるが，戻ってくる時間にはあまり変動がなく，一定の時間で動いていたように思い出される．このように，物体が同じような動作を繰り返すとき，この物体は振動しているという．このような遊具はやや大きく振動しても問題ないが，機械や構造物は振動しては困ることのほうが多い．地震によって地盤は複雑に揺れるが，高層の建物は横方向の揺れが目立つ．高層階が横方向に数 m 動いたとき，揺れはなかなか収まらないので高層階で仕事をしていた人，居住している人は不安になる．また，中層の建物は地震によって下層階のコンクリートがせん断破壊してしまう場合もある．

次に，機械の振動について考えてみる．たとえば，自動車のエンジンはシリンダー内で燃料が激しく燃焼する．1秒間あたりに50回程度燃焼したとすれば，シリンダーの内部は1秒間に50回押される．燃料の燃焼は激しいので，エンジンの振動がキャビンに伝わらないように工夫する必要がある．また，キャビンへの振動を遮断できたとしても，エンジン周囲の機器が激しく振動しては困る（機械などに取り付けられたやや小さめの機械を，本書では便宜的に機器という）．

また，回転体について考えてみる．自動車を含めて回転する部分をもつ機械は多い．回転する機器は，回転している限り，機器が取り付けられている機械の位置（コンクリートの床の場合もあるし，航空機の翼の場合などもある）に繰り返しの力を与える．この力による振動を抑制できるのであれば抑制したい．発電機やジェットエンジンなどの回転する機器は，ある回転数で回転軸が激しく変位（振動）するが，これは回転体に特有な現象である．

地震によって建物は揺れても壊れることがないようにしなければならない．機械の

振動は抑制するか，あるいは遮断されなければならない．回転体が激しく振動して破壊してはならない．機械が激しく振動して壊れてはいけない．これらの問題に対応する学問が機械力学である．

2.2 自由振動，強制振動，自由度

(1) 自由振動

物体や建物に最初の一瞬だけ外力や変位が与えられれば，機械や構造物は振動するが，振動中は力や変位は外からは与えられない．このような振動を自由振動といい，自由振動は必ず徐々に消滅するので，機械や構造物の破壊にまでは至らない．地震時の超高層ビルの高層階の揺れは大きく，長い時間続く．後半の長く続く揺れは，自由振動であるため大きくなることはなく5〜20分程度で収まり，しかも建物は損傷を受けることは少ない．

(2) 強制振動

機械や構造物に，外力や変位が短い時間あるいは長い時間にわたってはたらくときの物体の振動を強制振動という．与えられる外力の大きさが大きい場合は，材料に発生する応力が大きくなって機械は壊れてしまう．地震によって，中層の建物の低層階のコンクリートに割れ傷(き裂)が入るのは，コンクリートに発生するせん断応力がせん断強さに達するためである．このように，機械や構造物にとって強制振動は重要となる．

(3) 共振

調和振動する外力や変位(sinやcosの形で繰り返して振動する外力や変位)が機械や構造物にはたらくときは，外力や変位の大きさが小さくても機械は大きく振動してしまう場合がある．この現象を共振といい，これに関連して自由振動の解が重要となる．これを理解するためには強制振動の解を求めなければならない．ここでは，機械の共振に関連して自由振動の解も重要であるとだけ述べておく．

(4) 自由度

機械や構造物を1個の質量とばねで置き換えた場合，1自由度の振動系または1質点系という．機械や構造物が2個の質点とばねで置き換えられるときは，系の振動を解明するために2個の座標を採用する必要があり，この場合は2自由度の振動系という．同様に，たとえば225個の座標が必要となる系の振動は，225自由度の振動系と

いう．

多くの場合，複雑な機械を 1 自由度のモデルに簡単化して解いても，実用的に有用となる解が得られる場合が多い．

2.3 自由振動の運動方程式

機械の振動を把握するためには，外力や変位が系に継続的に与えられる強制振動に対する運動方程式を導いて解を求める必要がある．しかし，2.2 節で述べたように，自由振動の解も，まったくの無駄であるとはいえない．自由振動とは，最初の一瞬，あるいは比較的短い時間だけ力や変位を与えて物体や建物を振動させたときの振動をいう（物体に比較的長い時間にわたって外力がはたらいても，その外力がゼロになれば，そのあとは自由振動になる）．

機械や構造物を 1 質点系でモデル化して運動方程式を導いて解いた場合，運動の大体の様子を把握できるので，1 質点系のモデルは重要であり有用となる．図 2.1(a) に示すように，剛性天井に質量 m の物体が，ばね定数 k のばねで取り付けられている場合を考える．物体には継続的な外力ははたらかず，ばねの取り付け部（天井）も動かないと仮定する．

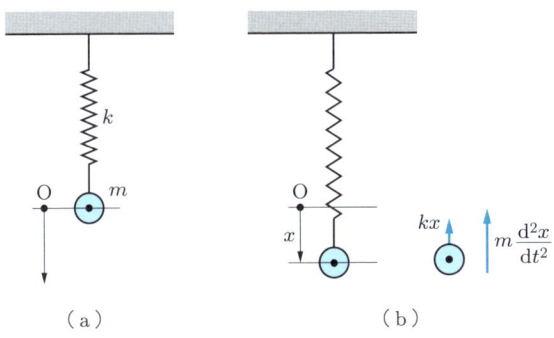

図 2.1

ばね定数 k は，ばねを単位の長さだけ伸ばすために必要となる力で表す．重力加速度を g とすれば，図 2.1(a) の物体には mg の重力がはたらいているので，この力はばねを mg/k だけ伸ばす．ばねは mg/k だけ伸ばされるので，ばねは物体を $(mg/k) \times k = mg$ の力で上に引く．物体にはたらく下向きの力である重力と，重力によって伸ばされるばねの伸びによってばねが物体を上に引く力は，すでに打ち消しあっているので，図 2.1(a) の系の運動を把握する場合，重力については考えなくてもよい．

物体を手で上か下に移動させて手を離せば，物体は振動する（自由振動する）．物体の位置を示すために，図 2.1(a) に示すように x 座標を採用する．x 座標の正の向きは，上向きにとっても下向きとってもどちらでもよいが，ここでは下向きにとる．

次に，物体を静止の位置から変位させ，力のつり合いを考えて運動方程式を導く．物体を変位させる場合，変位を x の座標値で与えるが，1.3 節で述べたように，x が正になる位置に変位させる．図 2.1(b) に示すように，物体は時刻 t のときに，座標値 x の位置に存在したと考える．このとき，ばねは x だけ伸びるので，物体は，図 2.1(b) の右側に切り出されて描かれているように，ばねによって上方に kx の力で引かれる．1.3 節で説明した手順に従って運動方程式を求めれば，次式となる．

$$-m\frac{{\rm d}^2 x}{{\rm d}t^2} - kx = 0 \qquad \therefore \quad m\frac{{\rm d}^2 x}{{\rm d}t^2} + kx = 0 \tag{2.1}$$

2.4 　微分方程式の解

図 2.1(a) の物体の変位を示す座標値 x は，式 (2.1) の微分方程式を満たさなければならない．すなわち，物体の位置を求めるためには式 (2.1) を解かなければならない．式 (2.1) を次式の形に整理する．

$$\frac{{\rm d}^2 x}{{\rm d}t^2} + \frac{k}{m} x = 0 \tag{2.2}$$

時刻 $t < 0$ で物体は静止していたとして，$t = 0$ からの移動量を変位とすれば，座標値 x は変位を与えることになる．図 2.1(a) の物体は，そのままでは静止していて振動しない．前節で述べたように，振動させるためには少しだけ刺激を加えてやる必要がある．物体を手で少し下側に引いて，時刻 $t = 0$ のときに手を離せば，この物体は上下に振動する．このときの条件は次式で与えられる．

$$x = x_0, \qquad \frac{{\rm d}x}{{\rm d}t} = 0 \quad (t = 0) \tag{2.3}$$

ここで，$t = 0$ で物体が下側に引かれたときの変位が x_0 であり，この値は一定値である．式 (2.3) の刺激は $t = 0$ のときに与えられるので，物体の振動は強制振動にはならない．微分方程式を解くときは，必ず式 (2.3) のような条件が必要になる．このように，求める変数 x が時間の関数で，しかも $t = 0$ の値が与えられているとき，その条件式を<u>初期条件</u>という．

さまざまな形の微分方程式に対してその解法は知られているが，本書では解法については説明しない．いま，式 (2.2) の解を次式の形で仮定する．

$$x = A \sin \omega t + B \cos \omega t \tag{2.4}$$

ここで，A, B, ω は時間に無関係な一定値である．式(2.4)を時間 t で 2 回微分して次式を得る．

$$\frac{\mathrm{d}x}{\mathrm{d}t} = A\omega\cos\omega t + B(-\omega)\sin\omega t \tag{2.5a}$$

$$\frac{\mathrm{d}^2 x}{\mathrm{d}t^2} = A(-\omega^2)\sin\omega t + B(-\omega^2)\cos\omega t \tag{2.5b}$$

式(2.4), (2.5b)を式(2.2)の微分方程式に代入して，次式を得る．

$$A\left(-\omega^2 + \frac{k}{m}\right)\sin\omega t + B\left(-\omega^2 + \frac{k}{m}\right)\cos\omega t = 0 \tag{2.6}$$

式(2.6)が満足されるためには $A = 0, B = 0$ であればよいが，このときは式(2.4)で仮定した x がゼロとなってしまうので，解として不適当になってしまう．そこで，次式を満たすように ω を決める．

$$-\omega^2 + \frac{k}{m} = 0 \tag{2.7}$$

これより，ω は次のようになる．

$$\omega = \sqrt{\frac{k}{m}} \tag{2.8}$$

式(2.4)は，$\omega = \sqrt{k/m}$ であれば式(2.2)を満たす．$\sqrt{k/m}$ を ω_n で表して，これを**固有角振動数**という（$\omega = -\sqrt{k/m}$ でもよいが，最終的な解の形が同じになるので，この形は無視する）．式(2.4)の ω が $\omega_n = \sqrt{k/m}$ であれば，式(2.2)を満たす変位 x が存在することができる．逆に，$\omega \neq \omega_n = \sqrt{k/m}$ であるような変位 x は運動方程式を満足しないので，図 2.1(a) の系に外力がはたらかない自由振動に対しては，そのような変位は存在することができない（外力がはたらく強制振動のときは，どのような形の振動も発生する可能性がある）．これ以降は，式(2.4)の ω を ω_n で書き直して式(2.8)を次式の式(2.8)′で表す．

$$\omega_n = \sqrt{\frac{k}{m}} \tag{2.8}′$$

自由振動の系の微分方程式である式(2.2)を再掲して，式(2.2)′とする．

$$\frac{\mathrm{d}^2 x}{\mathrm{d}t^2} + \frac{k}{m}x = 0 \tag{2.2}′$$

運動方程式を式(2.2)′のように整理したとき，系の固有角振動数 ω_n は，左辺の 2 項目の変数 x の前の係数 k/m のルートの表示式 $\sqrt{k/m}$ で与えられる．

次に，初期条件 (2.3) を用いて未定係数 A, B を決定する．式(2.4), (2.5a)に初期条件の式(2.3)を適用すれば，次式を得る．

$$\left. \begin{array}{l} x_0 = A\sin(\omega_n \times 0) + B\cos(\omega_n \times 0) \\ 0 = A\omega_n \cos(\omega_n \times 0) + B(-\omega_n)\sin(\omega_n \times 0) \end{array} \right\} \quad (2.9)$$

したがって，式(2.9)を A, B について解くと，

$$A = 0, \qquad B = x_0 \quad (2.10)$$

となり，式(2.3)を満たす式(2.2)の解は，次のように決まる．

$$x = x_0 \cos \omega_n t \quad (2.11)$$

2.5 振幅，周期，固有角振動数

式(2.11)で与えられる変位 $x = x_0 \cos \omega_n t$ を，時刻 t に ω_n を掛けた $\omega_n t$ を横軸にとって示せば，図2.2のカーブが得られる．

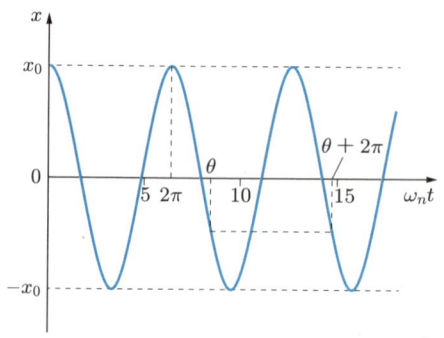

図 2.2

図2.2からわかるように，x の値は，たとえば，$\omega_n t$ の値が $\omega_n t = 0$ から 2π だけ増えて $\omega_n t = 0 + 2\pi$ になれば，もとの x の値に戻る．同様に，x の値は $\omega_n t$ が $\omega_n t = \theta$ の値から $\omega_n t = \theta + 2\pi$ になれば，もとの値に戻る．後者の場合で考えれば，時間 t は $t = \theta/\omega_n$ から $t = \theta/\omega_n + 2\pi/\omega_n$ になるので，このときに増える時間 T は次式で与えられる．

$$T = \left(\frac{\theta}{\omega_n} + \frac{2\pi}{\omega_n} \right) - \frac{\theta}{\omega_n} = \frac{2\pi}{\omega_n} \quad (2.12)$$

この時間 T を周期という．すなわち，周期 T は1回同じ動作を繰り返すために必要な時間である．また，式(2.11)や図2.2からもわかるように，変位の最大値は x_0 となる．この x_0 を振幅という．振幅は原則として正であるほうがよいが，負として処理する場合もまれにはある．また，図2.2のように，振幅も周期も変えないで綺麗な形で物体が振動するとき，この振動を単振動(調和振動)という．

1回の動作を繰り返すために必要な時間が T であるので，単位の時間を T で割れば，単位の時間あたりの繰り返し数 n が次式で求められる．

$$n = \frac{1}{T} = \frac{\omega_n}{2\pi} \tag{2.13}$$

この n を **振動数** という．式(2.13)より $\omega_n = 2\pi n$ となるので，固有角振動数 ω_n は振動数 n と同じような意味をもつ（単に角振動数といえば ω のことであり，固有角振動数といえば ω_n を示す．明確に区別しないで用いられることもあるので，前後の文章から判断する必要がある．また，角振動数を **円振動数** ともいう）．

図 2.1(a) の物体には減衰力（抵抗力）もはたらかず，外力もはたらかない．この最も簡単な系のモデルの物体には，刺激が最初に与えられるだけであるが，変位は式(2.11)の形で永久に続く．後述するが，質点系に固有角振動数と同じ値で振動する刺激（外力や床あるいは天井の変位など）が与えられた強制振動の場合は，大きな変位が発生するのでその系は壊れてしまう．このため，系には系の固有角振動数に一致する外力や変位を与えてはいけない．この観点から，系の自由振動の固有角振動数を求めること，すなわち物体の自由振動に対する運動方程式を求めることはまったくの無駄ではない．

例題 2.1 図 2.3(a) に示すように，剛性天井に取り付けられたばね定数 $k = 1050$ N/m の 2 本のばねを介して，質量 $m = 70.0$ kg，直径 $D = 0.8$ m の円筒が静止して水中に浮かんでいる．円筒が微小な上下振動をするときの固有角振動数 ω_n と振動数（固有振動数）n を求めよ．ただし，水の密度を $\rho = 1.0$ g/cm^3，重力加速度を $g = 9.80$ m/s^2 とし，また水の運動や摩擦などは無視する．

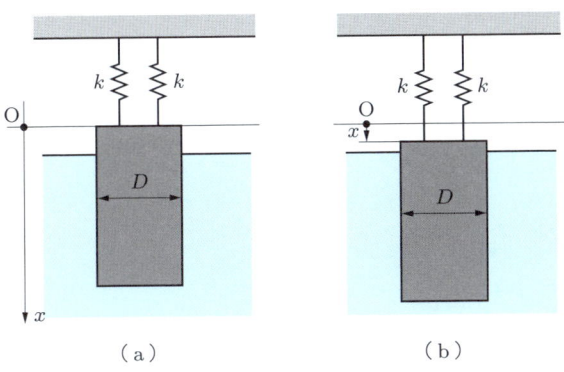

図 2.3

解答 図 2.3(a) に示すように x 座標を採用する．いま，図 2.3(b) に示すように円筒が下方に x だけ変位したとすれば，円筒には次式で与えられる **浮力** F_w が上向きにはた

らく．

$$F_w = \rho \times \frac{\pi}{4} D^2 x \times g \tag{2.14}$$

2本のばねは x だけ伸ばされるので，ばねが円筒を引く力 F_s は次式で計算される．

$$F_s = kx + kx = 2kx \tag{2.15}$$

よって，円筒の運動方程式は

$$-\frac{\pi}{4}\rho g D^2 x - 2kx - m\frac{\mathrm{d}^2 x}{\mathrm{d}t^2} = 0, \quad \therefore \quad \frac{\mathrm{d}^2 x}{\mathrm{d}t^2} + \frac{1}{m} \times \left(\frac{\pi}{4}\rho g D^2 + 2k\right) x = 0 \tag{2.16}$$

で与えられ，固有角振動数 ω_n は次式となる．

$$\omega_n = \sqrt{\frac{1}{m} \times \left(\frac{\pi}{4}\rho g D^2 + 2k\right)} \tag{2.17}$$

密度の数値を質量を kg に，長さを m の単位に直して式(2.17)に代入すれば，次式を得る．

$$\omega_n = \sqrt{\frac{1}{70.0} \times \left(\frac{\pi}{4} \times 1000.0 \times 9.8 \times 0.8^2 + 2 \times 1050\right)}$$
$$= 10.02 \text{ rad/s} \tag{2.18}$$

また，振動数 n は次式で計算される．

$$n = \frac{\omega_n}{2\pi} = \frac{10.02}{2\pi} = 1.595 \text{ 1/s}$$

注意：固有角振動数の単位は rad/s（ラディアンパーセック）になる．振動数の単位は 1/s であるが，これを Hz（ヘルツ）という．

例題 2.2 図 2.1(a) のように，質量 m の物体がばね定数 k のばねで剛性天井に取り付けられている．この物体をハンマーで下側に打撃したら（下側に打撃しにくいが，できたと仮定する），$t=0$ で変位 x_0，速度 v_0 が与えられた．この物体の変位を求めよ．

解答 図 2.1(a) を再掲して**図 2.4** とする．この物体に対しては，解は式(2.4)で $\omega = \omega_n$ とした形で与えられる．ここでは，初期条件を次式に変えるのみで解が得られる．

$$x = x_0, \qquad \frac{\mathrm{d}x}{\mathrm{d}t} = v_0 \quad (t=0) \tag{2.19}$$

ここで，式(2.2)を再掲して式(2.20)とする．

$$\frac{\mathrm{d}^2 x}{\mathrm{d}t^2} + \frac{k}{m} x = 0 \tag{2.20}$$

式(2.4)と同じ解を採用する．

$$x = A \sin \omega_n t + B \cos \omega_n t \tag{2.21}$$

ここで，A, B は一定値で，ω_n は次式で与えられる．

$$\omega_n = \sqrt{\frac{k}{m}} \tag{2.22}$$

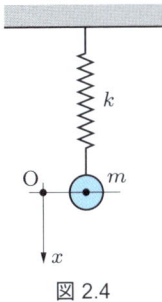

図 2.4

式 (2.21) を微分して，次式となる．
$$\frac{\mathrm{d}x}{\mathrm{d}t} = A\omega_n \cos\omega_n t + B(-\omega_n)\sin\omega_n t \tag{2.23}$$
式 (2.21) と式 (2.23) に初期条件 (2.19) を適用すれば，A, B は次式となる．
$$A = \frac{v_0}{\omega_n}, \qquad B = x_0 \tag{2.24}$$
ゆえに，変位は次式のように決まる．
$$x = \frac{v_0}{\omega_n}\sin\omega_n t + x_0 \cos\omega_n t \tag{2.25}$$
式 (2.25) の変位の形を，1 個の三角関数の形だけで表すように変形することもできる．そのためにはまず，式 (2.25) を次のように変形する．
$$x = \sqrt{(v_0/\omega_n)^2 + x_0^2}\left[\frac{v_0/\omega_n}{\sqrt{(v_0/\omega_n)^2 + x_0^2}}\sin\omega_n t + \frac{x_0}{\sqrt{(v_0/\omega_n)^2 + x_0^2}}\cos\omega_n t\right] \tag{2.26}$$

$0 < v_0$, $0 < x_0$ と仮定して，図 2.5 に示すように，v_0/ω_n と x_0 を直角三角形 ABC の辺 AB, BC とすれば，
$$\cos\varphi = \frac{v_0/\omega_n}{\sqrt{(v_0/\omega_n)^2 + x_0^2}}, \quad \sin\varphi = \frac{x_0}{\sqrt{(v_0/\omega_n)^2 + x_0^2}} \tag{2.27}$$
であり，この式を式 (2.26) に適用することで，次の式が得られる．
$$x = \sqrt{\left(\frac{v_0}{\omega_n}\right)^2 + x_0^2}\,(\cos\varphi\sin\omega_n t + \sin\varphi\cos\omega_n t)$$
$$= \sqrt{\left(\frac{v_0}{\omega_n}\right)^2 + x_0^2}\,\sin(\omega_n t + \varphi) \tag{2.28}$$
ここで，φ は図 2.5 から次式で与えられることがわかる．
$$\tan\varphi = \frac{x_0}{v_0/\omega_n} \qquad \therefore\ \varphi = \tan_2^{-1}\left(\frac{x_0}{v_0/\omega_n}\right) \tag{2.29}$$

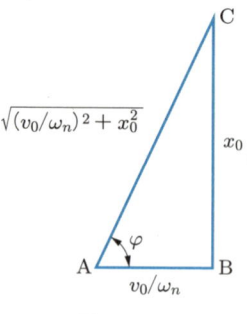

図 2.5

注意：x_0, v_0/ω_n は必ずしも正であるとは限らないので，いつも図 2.5 の直角三角形を使えるとは限らない．機械力学で出てくる $\tan^{-1}(y/x)$ はすべて $\tan_2^{-1}(y/x)$ であるので，式 (2.29) では，あえて $\varphi = \tan_2^{-1}[x_0/(v_0/\omega_n)]$ を用いて φ を決めるようにしている．なお，$\tan_2^{-1}(y/x)$ を説明するために用いられた x, y は，物体の変位を与える x, y とはまったく無関係である．

COLUMN　$\tan_2^{-1}(y/x)$ の解説

図 2.6 の点 P の座標を (x, y) とし，線分 $\overline{\mathrm{OP}}$ と x 軸の正に向かう線分との角度を θ としたとき，$0 \leq \theta \leq 2\pi$ に対して，三角関数は次式で定義される（ここでは，三角関数を説明するために (x, y) を用いているが，x と y の独立変数は，物体の変位を示す x や y とはまったく無関係である）．

$$\sin\theta = \frac{y}{\mathrm{PO}} = \frac{y}{\sqrt{x^2+y^2}}, \qquad \cos\theta = \frac{x}{\mathrm{PO}} = \frac{x}{\sqrt{x^2+y^2}}$$
$$\tan\theta = \frac{y}{x} \tag{2.30}$$

ただし，式 (2.30) を用いて θ を求めるとき，次式を用いてはいけない．

$$\theta = \tan^{-1}\left(\frac{y}{x}\right) \tag{2.31}$$

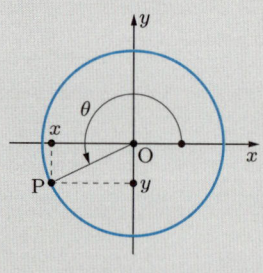

図 2.6

これはたとえば，図 2.6 に示すように，$x < 0, y < 0$ であれば y/x の値は正になってしまい，θ には第1象限の値が与えられてしまうからである．図 2.6 の x と y の値と θ の値を正しく対応させるために，$\tan\theta = y/x$ の代わりに次式を用いる．

$$\tan_2 \theta = \frac{y}{x} \tag{2.32}$$

式(2.32)を用いて θ を求めるときは $y/x = a$ の値を計算しないで，x と y を別々に与える．すなわち，次式の関数は存在しない．

$$\theta = \tan_2^{-1} a \tag{2.33}$$

式(2.32)を用いて角 θ を求めるためには，分母である x と分子である y を，式(2.34)のように別々に与えなければならない．

$$\theta = \tan_2^{-1}\left(\frac{y}{x}\right) \tag{2.34}$$

電卓に準備されている $\tan_2^{-1}$ を用いて θ を計算するときは，最初に y を与えてコンマで区切り，その次に x を与えるようになっている．

$$\theta = \tan_2^{-1}(y, x) \tag{2.35}$$

機械力学に出てくる θ と x と y の関係式は，すべてが式(2.32)と式(2.35)の関係になるので，本書では $\tan^{-1}(y/x)$ を用いないで $\tan_2^{-1}(y/x)$ を用いている．

練習問題

2.1 剛性天井にばね定数 k のばねを取り付け，下端に質量 m の物体を静かに取り付けたら，ばねは 0.0034 m 伸びて静止した．この系を刺激して振動させたら固有角振動数 ω_n で単振動した．このとき，ω_n を求めよ．ただし，重力加速度を $g = 9.80 \text{ m/s}^2$ とする．また，この系の周期と固有振動数を求めよ．

2.2 剛性天井に取り付けられたばねの下端に小さな物体が取り付けられた系がある．この物体が単振動するときの振幅は 0.35 m で，固有角振動数は 81.22 rad/s であった．この系の最大速さと最大加速度を求めよ．

2.3 図 2.7 に示すように，剛性棒 AB の端に，ばね定数 $k_1 = 7000$ N/m，$k_2 = 3800$ N/m のばねが取り付けられ，剛性天井に連結されている．棒 AB の中点 C にばね定数 $k_3 = 9000$ N/m のばねを取り付け，質量 $m = 20$ kg の物体をつり下げたら，図のように棒 AB は傾いて静止した．この系の固有角振動数 ω_n を求めよ．ただし，棒 AB の重さは無視する．

2.4 図 2.8 に示すように，剛性棒 AB の点 B を床に固定された棒にピン結合し，点 C をばね定数 $k_2 = 14000$ N/m のばねで支え，点 A にばね定数 $k_1 = 22000$ N/m のばねを取り付け，質量 $m = 50$ kg の物体をつり下げたら，棒 AB は水平になって静止した．この系が微小振動するときの固有角振動数 ω_n を求めよ．ただし，$a = 0.4$ m，$b = 2.8$ m であり，

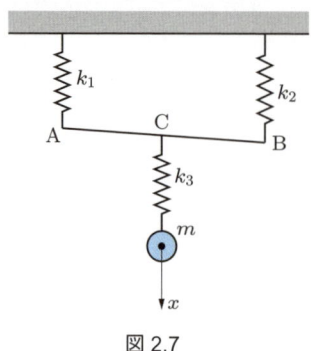
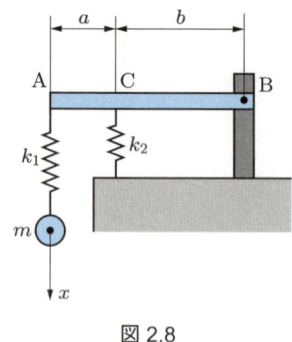

図 2.7　　　　　　　　　　図 2.8

また，棒 AB の重さを無視する．

2.5　図 2.9 に示すように，剛性天井の点 A と剛性床の点 B に鉛直に張られた張力 T のロープの点 C に，質量 m の小物体が取り付けられている．この物体が水平方向に微小振動するときの固有角振動数 ω_n を求めよ．ただし，$\overline{\mathrm{AC}}=a$, $\overline{\mathrm{BC}}=b$ とし，小物体の大きさは無視する．

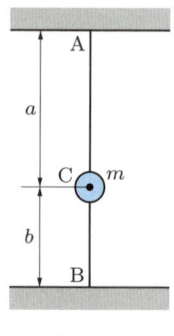

図 2.9

第3章 回転体の振動と角運動方程式

物体が軸まわりに回転できるようになっている場合，この物体は自由に回転できるのではなく，物体の角運動方程式を満たすように回転しなければならない．本章では，回転運動する物体を拘束する角運動方程式を導いて，回転振動の様子を解説する．

3.1 回転振動の角運動方程式

物体が一直線上を動く場合は，x座標で変位を表せばよい．しかし，物体が点Oを中心にして回転振動する場合は，1.4節で説明したように，極座標(r, θ)を採用したほうがよい（ただし，r座標は角運動方程式には無関係となる）．ここで，式(1.5)の角運動方程式を再掲して式(3.1)としておく．

$$J\frac{\mathrm{d}^2\theta}{\mathrm{d}t^2} - N = 0 \tag{3.1}$$

ただし，Jは物体の点Oまわりの慣性モーメント，Nは点Oまわりのモーメント（トルク）であり，θの正の向きのトルクを正とする．$-J \times \mathrm{d}^2\theta/\mathrm{d}t^2$ を抵抗（慣性抵抗）のように見れば，式(3.1)は次式のように変形できる．

$$-J\frac{\mathrm{d}^2\theta}{\mathrm{d}t^2} + N = 0 \tag{3.2}$$

式(3.2)を用いて，振り子の振動を考えてみる．図3.1(a)に示すように，質量mの物体が長さlの糸で剛性天井の点Oにつり下げられている．以下では，物体が最下点A近くで微小振動するときの固有角振動数ω_nと周期Tを求めてみる．

振り子の静止の位置の線分OAから，反時計方向にθ座標を採用する．点Oは物体が動く円弧を円周にもつ円の中心である．いま，質量mの物体が図3.1(a)に示すようにθだけ角変位したとすれば，この物体には，図(b)に示すようにmgの重力がはたらく．ここで，gは重力加速度である．重力mgを糸方向の力$mg \times \cos\theta$と糸に直交する方向の力$mg \times \sin\theta$に分解する．糸方向の力$mg \times \cos\theta$は糸が物体を引く張力$mg \times \cos\theta$と同じになる．したがって，この物体を反時計方向に（θの正方向に）回転させようとするトルクNは，次式で与えられる．

$$N = -mg\sin\theta \times l \tag{3.3}$$

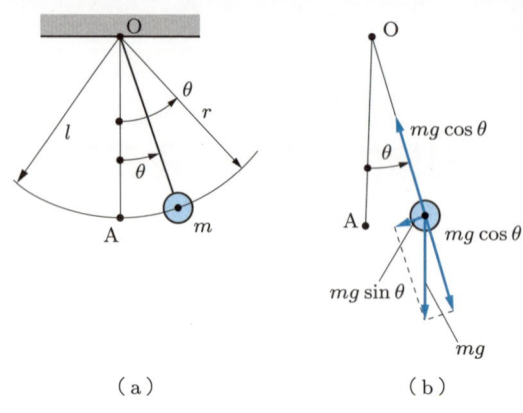

図 3.1

一方,物体の慣性モーメント J は式(1.6)で与えられているので,次式となる.
$$J = ml^2 \tag{3.4}$$
よって,角運動方程式を立てれば,次式を得る.
$$-mg\sin\theta \times l - ml^2\frac{d^2\theta}{dt^2} = 0 \quad \therefore \quad \frac{d^2\theta}{dt^2} + \frac{g}{l}\sin\theta = 0 \tag{3.5}$$
物体の角変位は微小であるものと仮定すれば,
$$\sin\theta \approx \theta \tag{3.6}$$
となるので,式(3.6)を式(3.5)に適用して,次式を得る.
$$\frac{d^2\theta}{dt^2} + \frac{g}{l}\theta = 0 \tag{3.7}$$
ゆえに,固有角振動数 ω_n と周期 T は,次式で与えられる.
$$\omega_n = \sqrt{\frac{g}{l}}, \qquad T = \frac{2\pi}{\omega_n} = 2\pi\sqrt{\frac{l}{g}} \tag{3.8}$$

注意:式(3.6)を仮定しないで式(3.5)を解くこともできるが,本書では述べない.

3.2　2枚の円板の系の固有角振動数

図3.2に示すように,質量 m_1,半径 a_1 の円板①は点 O_1 まわりに回転できる.また,質量 m_2,半径 a_2 の円板②は点 O_2 まわりに回転できる.円板②の中心 O_2 から距離 b の位置の点 B には,ばね定数 k のばねが取り付けられている.以下では,これらの円板が微小振動するときの固有角振動数 ω_n を求めてみる.ただし,円板①と円

3.2 2枚の円板の系の固有角振動数

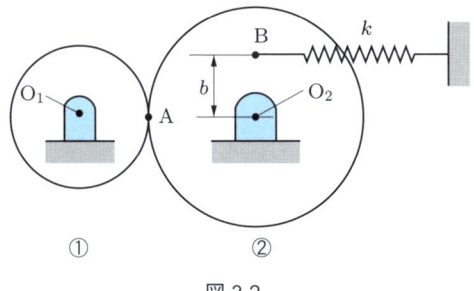

図 3.2

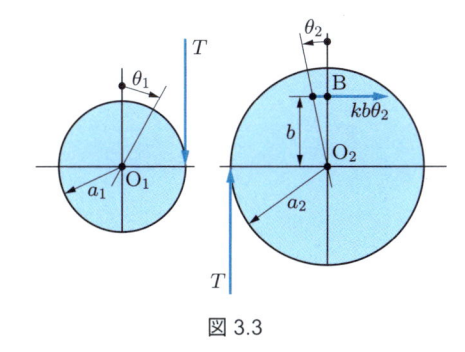

図 3.3

板②は接点 A で滑らないで接触していると仮定する．

円板②が反時計方向に $0 < \theta_2$ 回転したとき，点 B は左方向に $b\theta_2$ 移動する．円板①と円板②は滑らないで接触しているので，円板②が θ_2 回転すれば，円板①は時計回りに θ_1 回転する．円板①と円板②には，図 3.3 に示す外力がはたらくので，角運動方程式は次式で与えられる．

円板①に対しては，θ_1 の座標は時計回りにとっているので，

$$+Ta_1 - J_1 \frac{d^2\theta_1}{dt^2} = 0 \tag{3.9}$$

となり，円板②に対しては，θ_2 の座標は反時計回りにとっているので，

$$-Ta_2 - k \times (b\theta_2) \times b - J_2 \frac{d^2\theta_2}{dt^2} = 0 \tag{3.10}$$

となる．ここで，J_1, J_2 は慣性モーメントであり，T は摩擦力である．また，円板①と円板②は滑らないので次式を得る．

$$\theta_1 a_1 = \theta_2 a_2 \quad \therefore \quad \theta_1 = \frac{a_2}{a_1}\theta_2, \quad \frac{d^2\theta_1}{dt^2} = \frac{a_2}{a_1}\frac{d^2\theta_2}{dt^2} \tag{3.11}$$

この式を式(3.9)に代入すると，

$$+Ta_1 - J_1\frac{a_2}{a_1}\frac{d^2\theta_2}{dt^2} = 0, \qquad T = J_1\frac{a_2}{a_1^2}\frac{d^2\theta_2}{dt^2} \tag{3.12}$$

が得られ，さらにこの式を式(3.10)に代入して次式を得る．

$$-J_1\frac{a_2}{a_1^2}\frac{d^2\theta_2}{dt^2}a_2 - k\times(b\theta_2)\times b - J_2\frac{d^2\theta_2}{dt^2} = 0$$

$$\left(\frac{J_2 a_1^2 + J_1 a_2^2}{a_1^2}\right)\frac{d^2\theta_2}{dt^2} + kb^2\theta_2 = 0 \qquad \therefore \quad \frac{d^2\theta_2}{dt^2} + \left(\frac{kb^2 a_1^2}{J_2 a_1^2 + J_1 a_2^2}\right)\theta_2 = 0 \tag{3.13}$$

ゆえに，固有角振動数 ω_n は次式のようになる．

$$\omega_n = \sqrt{\frac{kb^2 a_1^2}{J_2 a_1^2 + J_1 a_2^2}} \tag{3.14}$$

慣性モーメントは，式(1.12)より

$$J_1 = m_1\frac{a_1^2}{2}, \qquad J_2 = m_2\frac{a_2^2}{2} \tag{3.15}$$

と与えられるので，次式を得る．

$$\omega_n = \sqrt{\frac{kb^2 a_1^2}{J_2 a_1^2 + J_1 a_2^2}} = \sqrt{\frac{2kb^2}{a_2^2(m_2 + m_1)}}$$

例題 3.1 図 3.4 に示すように，密度 ρ，板厚 t，1 辺の長さ a の正方形板 ABCD の点 A が剛性天井にピン結合されている．この正方形板が点 A まわりに微小回転するときの固有角振動数 ω_n を求めよ．ただし，重力加速度を g とする．

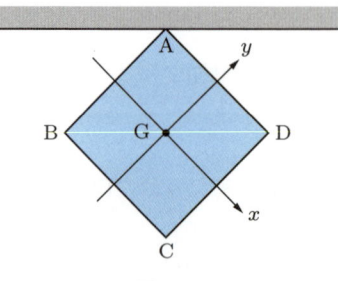

図 3.4

解答 図 3.4 に示すように (x, y, z) 座標を採用すれば，z 軸まわりの慣性モーメント J_z は，例題 1.3 の式(1.20)より次式となる．

$$J_z = \frac{Ma^2}{6} \tag{3.16}$$

ここで，M は板の質量で次式で計算される．

$$M = \rho a^2 t \tag{3.17}$$

図 3.4 の重心 G と点 A の距離 $\overline{\mathrm{AG}}$ は次式で求められる.

$$\overline{\mathrm{AG}} = \frac{a}{\sqrt{2}} \tag{3.18}$$

1.5 節の (3) 項で述べた平行軸の定理を用いれば,図 3.4 の正方形 ABCD の点 A まわりの慣性モーメント J_A は次式で与えられる.

$$J_\mathrm{A} = M \times \left(\frac{a}{\sqrt{2}}\right)^2 + J_z = \frac{Ma^2}{2} + \frac{Ma^2}{6} = \frac{2Ma^2}{3} \tag{3.19}$$

図 3.5 に示すように,正方形板が反時計方向に θ だけ角変位したとすれば,板の重心 G には Mg の重力がはたらく.重力 Mg を AG 方向の力 $Mg \times \cos\theta$ と AG に直交する方向の力 $Mg \times \sin\theta$ に分解する.この正方形板を反時計方向に(θ の正方向に)回転させようとするトルク N は,次式で与えられる.

$$N = -Mg\sin\theta \times \overline{\mathrm{AG}} = -\frac{Mg\sin\theta\, a}{\sqrt{2}} \tag{3.20}$$

式 (3.2) を再掲して式 (3.21) とする.

$$-J_\mathrm{A}\frac{\mathrm{d}^2\theta}{\mathrm{d}t^2} + N = 0 \tag{3.21}$$

式 (3.21) に式 (3.19) と式 (3.20) を代入して次式となる.

$$-\frac{2Ma^2}{3}\frac{\mathrm{d}^2\theta}{\mathrm{d}t^2} - \frac{Mg\sin\theta\, a}{\sqrt{2}} = 0 \quad \therefore \quad \frac{\mathrm{d}^2\theta}{\mathrm{d}t^2} + \frac{3g}{2\sqrt{2}\, a}\sin\theta = 0 \tag{3.22}$$

物体の角変位は微小であるものと仮定しているので,

$$\sin\theta \approx \theta \tag{3.23}$$

としてよく,この式を式 (3.22) に適用して次式を得る.

$$\frac{\mathrm{d}^2\theta}{\mathrm{d}t^2} + \frac{3g}{2\sqrt{2}\, a}\theta = 0 \tag{3.24}$$

ゆえに,固有角振動数 ω_n は次式となる.

$$\omega_n = \sqrt{\frac{3g}{2\sqrt{2}\, a}} = \sqrt{\frac{3\sqrt{2}}{4}} \times \sqrt{\frac{g}{a}} \tag{3.25}$$

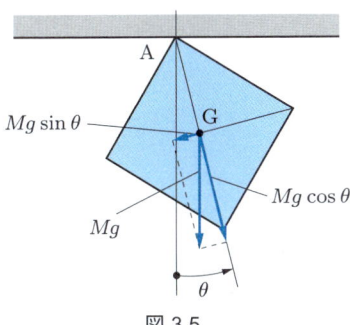

図 3.5

30　第3章　回転体の振動と角運動方程式

練習問題

3.1 図3.6に示すように，密度が ρ，断面積が A，長さが l の細長い板 AB の A 端が左側の剛性壁にピン結合されて回転できるようになっている．板の A 端から距離 a の点 C の上側にばね定数 k_1 のばねが取り付けられて，その上端が剛性天井に取り付けられている．板の B 端の下側にはばね定数 k_2 のばねが取り付けられて，その下端は剛性床に取り付けられている．静止の状態で板 ACB は水平であった．この系が微小振動するときの固有角振動数と周期を求めよ．

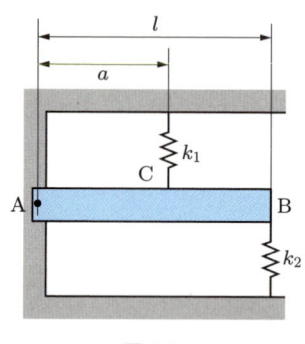

図 3.6

第4章 はり，軸，船舶の自由振動

　機械は，はりや軸で置き換えてモデル化してよい場合が多い．本章では，物体が固定されているはりの振動に対して，運動方程式を導いて振動の様子を解説する．物体が取り付けられている軸のねじり振動に対して，角運動方程式を解いてねじり振動を説明している．船の横揺れの振動についても，角運動方程式を導いて横揺れの角振動数を求める．また，船の安定に必要となる条件を明らかにしている．

4.1 物体を支える軽量なはりの振動

　本節では，物体を支えている柱の自由振動を考える．図 4.1(a) に示すように，長さ l，ヤング率 E，断面二次モーメント I の片持ちはり AB の自由端 B に，質量 m の物体が取り付けられている．以下では，この系の固有角振動数 ω_n を，はりの質量を無視して求める．

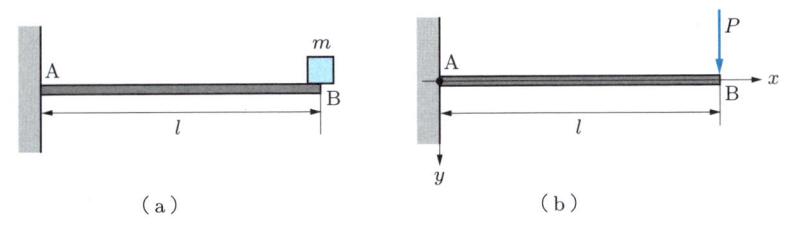

図 4.1

　図 4.1(b) に示すように (x, y) 座標を採用する．自由端 B に荷重 P がはたらいたときの自由端の変位 y_B は，次式のように与えられる．

$$y_B = \frac{Pl^3}{3EI} \quad \therefore \quad P = \frac{3EI}{l^3} y_B \tag{4.1}$$

式 (4.1) より，片持ちはりの自由端に荷重がはたらくときのばね定数 $k = P/y_B$ は，次式となる．

$$k = \frac{3EI}{l^3} \tag{4.2}$$

　図 4.2 に示すように，質量 m の物体を片持ちはりの自由端に取り付ける．この状

図 4.2

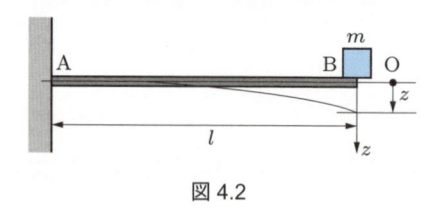

態で mg の力がはりにはたらき，この力によって，はりの自由端は少したわむが，物体ははりからこの力 mg で上方に押し上げられるので，両者の力は打ち消される．

図 4.2 のように z 座標を採用する（図 4.2 では z の原点は軸線 AB 上に描いているが，実際には mg の力によって少し下側に移動している）．物体が下向きに z だけ変位したとき，はりはこの変位を戻そうとするので，質点には上向きの力 kz がはたらく．慣性抵抗 $-m \times \mathrm{d}^2z/\mathrm{d}t^2$ も含めて物体の上下方向の力のつり合いを考えれば，運動方程式は次式となる．

$$-m\frac{\mathrm{d}^2z}{\mathrm{d}t^2} - kz = 0, \qquad -m\frac{\mathrm{d}^2z}{\mathrm{d}t^2} - \frac{3EI}{l^3}z = 0$$

$$\therefore \quad \frac{\mathrm{d}^2z}{\mathrm{d}t^2} + \frac{3EI}{ml^3}z = 0 \tag{4.3}$$

よって，固有角振動数 ω_n は次式で与えられる．

$$\omega_n = \sqrt{\frac{3EI}{ml^3}} \tag{4.4}$$

4.2 円板を支える軽量な軸の振動

図 4.3 に示すように，剛性天井に，長さ l，直径 d，せん断弾性係数 G の軽い丸軸を固定し，下端に慣性モーメント J の円板を取り付けた．以下では，この円板が微小回転振動するときの固有角振動数 ω_n を求めてみる．

図 4.4 に示すように，長さ l，直径 d，せん断弾性係数 G の軸の左端 A を剛性壁に固定し，右端 B にねじりトルク T をはたらかせたときの点 B でのねじり角 φ_B は，次式で与えられる．

$$\varphi_\mathrm{B} = \frac{Tl}{GI_p} \qquad \therefore \quad T = \frac{GI_p}{l}\varphi_\mathrm{B} = \frac{G \times \pi d^4}{l \times 32}\varphi_\mathrm{B} \tag{4.5}$$

ここで，I_p は軸の断面二次極モーメントで，直径 d の軸の場合は $I_p = \pi d^4/32$ となる．ゆえに，式(4.5)より，トルク T とねじり角 φ_B についてのねじりばね定数 $k = T/\varphi_\mathrm{B}$ を求めれば，次式となる．

図 4.3

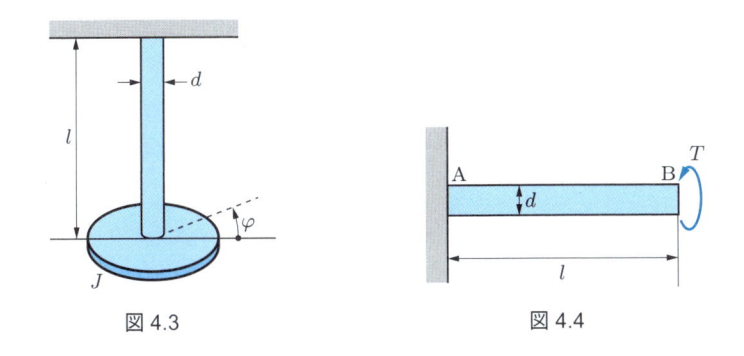

図 4.4

$$k = \frac{\pi G d^4}{32l} \tag{4.6}$$

図 4.3 の下端の円板が，図に示すように φ だけ角変位したとすれば，軸は円板の角度 φ をもとに戻そうとして，φ の正方向の向きとは逆向きに $k\varphi$ のトルクを与えるので，角運動方程式は次式となる．

$$-J\frac{\mathrm{d}^2\varphi}{\mathrm{d}t^2} - \frac{\pi G d^4}{32l}\varphi = 0 \qquad \therefore \quad \frac{\mathrm{d}^2\varphi}{\mathrm{d}t^2} + \frac{\pi G d^4}{32lJ}\varphi = 0 \tag{4.7}$$

よって，図 4.3 の軸の固有角振動数 ω_n は，次式で与えられる．

$$\omega_n = d^2\sqrt{\frac{\pi G}{32lJ}} \tag{4.8}$$

4.3 船舶の自由振動

図 4.5 に示すように，質量 m の船舶が横揺れしていないときは，浮力 mg は船が排除している海水の重さと同じだから，浮力の作用線は，船の重心 G を通る線分 OO′ と一致する．ここで，g は重力加速度である．この船が図 4.6 に示すように横揺れしたときを考えれば，船が排除している海水は，船の右側部分が多くなり，左側部分が

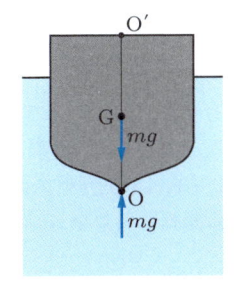

図 4.5

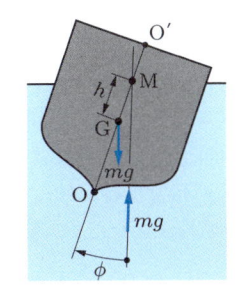

図 4.6

少なくなるので，浮力の作用線は右側に移動する．浮力の作用線と線分 OO′ との交点 M を**メタセンター**という．船の揺れ角 ϕ が大きくなれば，メタセンター M は少し O′ に近付くが，揺れ角 ϕ が小さい場合は，メタセンターの位置はわずかに上方に移動するだけであると考えられる．図 4.6 の距離 GM を**メタセンター高さ**といい，h で表す．

船が横揺れする場合の回転軸の位置は明確とはならないが，メタセンター M を通る軸（図 4.6 の M を通って紙面に垂直な軸）と仮定する．図 4.6 に示すように ϕ を時計回りに採用して，角運動方程式を考える．船が微小角 ϕ だけ横揺れすれば，（ϕ とは逆向きに）メタセンター M まわりに次式で与えられるモーメント N がはたらく．

$$N = -mg\sin\phi \times h \approx -mgh\phi \tag{4.9}$$

したがって，船舶の点 M まわりの角運動方程式は，次式で与えられる．

$$-J\frac{\mathrm{d}^2\phi}{\mathrm{d}t^2} - mgh\phi = 0 \qquad \therefore \quad \frac{\mathrm{d}^2\phi}{\mathrm{d}t^2} + \frac{mgh}{J}\phi = 0 \tag{4.10}$$

ここで，J は船舶の点 M まわりの慣性モーメントである．式(4.10)から，固有角振動数 ω_n は次式で与えられる．

$$\omega_n = \sqrt{\frac{mgh}{J}} \tag{4.11}$$

図 4.6 からわかるように，図のように横揺れした場合，揺れを戻すようにモーメント $mg\sin\phi \times h$ がはたらく．このため，h が大きいほど船は安定する．すなわち，船の重心はできるだけ下側にくるように配慮しなければならない．逆に，船の重心 G がメタセンター M より上方にきてしまうと，不安定になって危険である．

練習問題

4.1 図 4.7(a) に示すように，長さ l，ヤング率 E，断面二次モーメント I の両端支持はり AB の左端 A から距離 a の点 C に，質量 m の物体が取り付けられている．この系の固有角振動数 ω_n を求めよ．ただし，はりの質量を無視する（図 4.7(b) は問題を解くときに用いる図だが，ここに載せた）．

4.2 図 4.8 に示すように，丸軸の位置 A に慣性モーメント J_1 の円板①が，位置 B に慣性モーメント J_2 の円板②が取り付けられている．また，C 端と D 端は軸受で支えられていて，軸は自由に回転できる．左右の 2 枚の円板が相対的に微小回転振動するときの固有角振動数 ω_n を求めよ．ただし，軸の直径を d，せん断弾性係数を G，AB の長さを l とする．

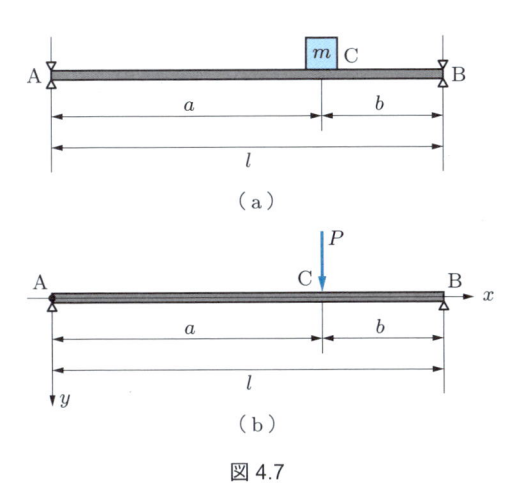

練習問題 35

(a)

(b)

図 4.7

円板①　円板②

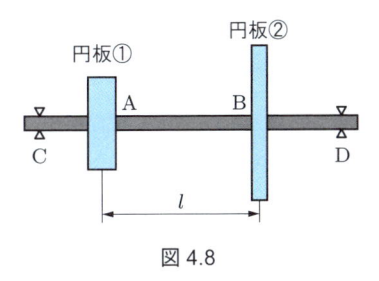

図 4.8

第5章 減衰系の自由振動

物体が刺激を受けて振動した場合，その振動はいつまでも続く．これでは困る場合は，振動がすみやかに収まるようにする必要がある．このためには，振動する物体がもつエネルギーを吸収させる必要がある．物体にダッシュポットを取り付ければ，運動エネルギーは熱エネルギーに変換されて，振動は次第に収まってくる．本章では，ダッシュポットが取り付けられている物体の運動方程式を導いて，自由振動の挙動を明らかにする．

5.1 減衰振動と非減衰振動

オイルを容器にとり，割りばしを入れて前後に動かしてみればわかるが，割りばしをゆっくり動かすためには，力はあまり必要ではない．しかし，速く動かすためにはより大きな力が必要である．このオイルの特性を利用して，物体の動きを抑制しようとする機器が**ダッシュポット**（緩衝機，緩衝容器，減衰器）であり，多くの機械に用いられている．振動する物体の系にダッシュポットを組み込んでおけば，物体の変動が制限されて，変位や回転が時間とともに減少する．このような物体の振動を**減衰振動**という．

これに反して，ダッシュポットが組み込まれていない系はエネルギーの消費がないので，物体の振動は永久に継続する．このような振動を**非減衰振動**という（実際，金属などが変形したときは，内部抵抗があるので，エネルギーが消費されて振動は徐々に減衰する）．

実際のダッシュポットの構造は，図 5.1(a) に示すように，オイルが満たされたシリ

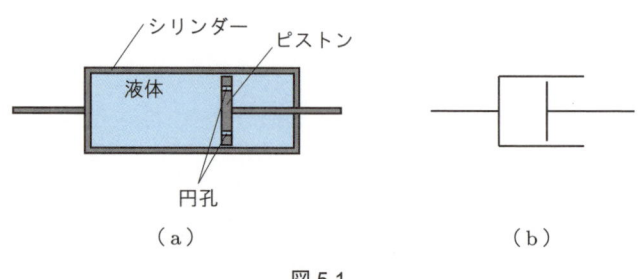

図 5.1

ンダー内を，多くの小さな円孔をもつピストンが動くような構造になっている．系に組み込んで図に表すときは，図5.1(b)のように描く．ダッシュポットに発生する抵抗力は単純な式では表せないため，運動方程式(微分方程式)の形は複雑になる．微分方程式の形がどんなに複雑になっても，差分法を用いて数値的に解くことはできる(差分法は簡単で有力な手法であるが，本書では述べない)．しかし，解析的に解けないと(結果が数式で与えられないと)，なぜ物体は振動するのか，なぜ物体の振動は徐々に減衰するのかなどの現象を理解しにくい．したがって，微分方程式の形を解析的に解けるようにするため，ダッシュポットの抵抗力はシリンダーとピストンとの相対変位の速さに比例すると仮定する．

図5.2(a)に示すように，シリンダーが固定されている場合を考え，ピストンの静止の位置に原点をもち，右に向かう x 座標を採用する．ピストンが x だけ変位したとき $(0 < x)$, $\dot{x} = dx/dt > 0$ であると仮定すれば，ピストンにはたらく**抵抗力** F_c の矢印は，図5.2(a)の下側の図に示すように，ピストンの動きを抑える向きにはたらく．この抵抗力 F_c は，ピストンの速さに比例すると仮定すれば，次式となる．

$$F_c = c\dot{x} \tag{5.1}$$

式(5.1)の F_c を**粘性抵抗**，c を**粘性減衰係数**という．

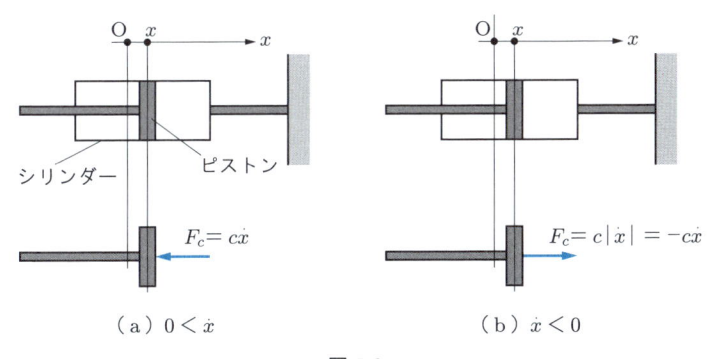

(a) $0 < \dot{x}$ (b) $\dot{x} < 0$

図 5.2

図5.2(b)に示すように，ピストンが x だけ変位したとしたとき，$\dot{x} = dx/dt < 0$ であったとすれば，ピストンにはたらく抵抗力 F_c の矢印は，ピストンの動きを妨げる向きにはたらく．力の大きさはピストンを通過する流体の速さに比例するので，図5.2(b)の F_c は次式となる．

$$F_c = c|\dot{x}| = -c\dot{x} \tag{5.2}$$

式(5.1)と式(5.2)の抵抗力は，ダッシュポットが質点系に取り付けられた場合の運動方程式を求めるときに用いられる．式(5.1)の抵抗力も式(5.2)の抵抗力も，シリン

ダーが固定されている場合に対して与えられている．逆に，ピストンが固定されていてシリンダーが動くときも，オイルを強引にピストンの孔を流そうとするので，抵抗力が発生する．このように考えれば，抵抗力の矢印と表示式は描ける．

このほか，シリンダーもピストンも両方が動くときは，最初，シリンダーが固定されていて，ピストンだけ動く場合の抵抗力を求めてから，次に，ピストンが固定されていてシリンダーだけが動く場合の抵抗力を求めればよい．

5.2　微分方程式の解法

図 5.3 に示すように，質量 m の小物体が，ばね定数 k のばねと粘性減衰係数 c のダッシュポットによって剛性天井に取り付けられている．この質点系が時刻 $t = 0$ のときに，何らかの刺激を受けて振動した場合を考えれば，そのときの運動方程式は次式となる．

$$\frac{d^2 x}{dt^2} + \frac{c}{m}\frac{dx}{dt} + \frac{k}{m}x = 0 \tag{5.3}$$

ここで，x は物体の変位を示す．式 (5.3) の導き方については 5.3 節にゆずり，本節では，式 (5.3) の微分方程式の解法について説明する．

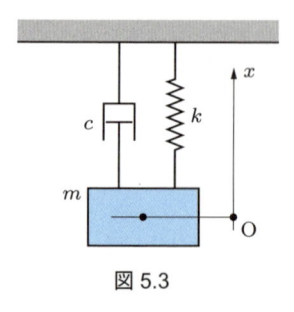

図 5.3

式 (5.3) の微分方程式を解くため，$c/m = 2\alpha$, $k/m = \omega_n^2$ の置き換えを行って，式 (5.4) の形に変える．

$$\frac{d^2 x}{dt^2} + 2\alpha \frac{dx}{dt} + \omega_n^2 x = 0 \tag{5.4}$$

式 (5.3) をわざわざ式 (5.4) の形に変えたのは，$\alpha = c/(2m)$ と $\omega_n = \sqrt{k/m}$ の値の大小関係によって 3 種類の異なった形の解をもつからである．

(1) $\alpha^2 \neq \omega_n^2$ の場合

式(5.4)の解は次の形をとる.

$$x = C_1 e^{\lambda_1 t} + C_2 e^{\lambda_2 t} \tag{5.5}$$

ここで,

$$\lambda_1 = -\alpha + \sqrt{\alpha^2 - \omega_n^2}, \qquad \lambda_2 = -\alpha - \sqrt{\alpha^2 - \omega_n^2} \tag{5.6}$$

であり,また,C_1 C_2 は未定係数である.

なぜ,式(5.5)の形が式(5.4)の微分方程式の解になるのであろうか.これを確認するために,$x = C_1 e^{\lambda_1 t}$ を式(5.4)の左辺に代入してみよう.ゼロになればその式は微分方程式を満たすことになる.ここで,$x = C_1 e^{\lambda_1 t}$ を t で微分した形が必要になるので,まず,微分形を計算する($\dot{x} = \mathrm{d}x/\mathrm{d}t$ である).

$$x = C_1 e^{\lambda_1 t}, \qquad \dot{x} = C_1 \lambda_1 e^{\lambda_1 t}, \qquad \ddot{x} = C_1 \lambda_1^2 e^{\lambda_1 t} \tag{5.7}$$

式(5.7)を式(5.4)の左辺に代入する.

$$\begin{aligned}
&\frac{\mathrm{d}^2 x}{\mathrm{d}t^2} + 2\alpha \frac{\mathrm{d}x}{\mathrm{d}t} + \omega_n^2 x \\
&= C_1 e^{\lambda_1 t} \left(\lambda_1^2 + 2\alpha \lambda_1 + \omega_n^2 \right) \\
&= C_1 e^{\lambda_1 t} \left[(\alpha^2 - 2\alpha\sqrt{\alpha^2 - \omega_n^2} + \alpha^2 - \omega_n^2) + 2\alpha(-\alpha + \sqrt{\alpha^2 - \omega_n^2}) + \omega_n^2 \right] \\
&= C_1 e^{\lambda_1 t} \cdot 0 = 0
\end{aligned} \tag{5.8}$$

式(5.4)の左辺はゼロになったので,式(5.5)の $x = C_1 e^{\lambda_1 t}$ の形は式(5.4)の解になることが証明された.同様に,式(5.5)の $x = C_2 e^{\lambda_2 t}$ も式(5.4)の解になることを証明できる.

式(5.4)の解は,式(5.5)の形をとることが確かめられた.さて,$\alpha^2 \neq \omega_n^2$ の場合は,解の特性が $\alpha^2 > \omega_n^2$ の場合と $\alpha^2 < \omega_n^2$ の場合とで異なるので,それぞれの場合に対して,さらに解の形を変形していく.

① $\alpha^2 > \omega_n^2$ の場合

この場合は,式(5.6)の λ_1, λ_2 の $\sqrt{\alpha^2 - \omega_n^2}$ の $\alpha^2 - \omega_n^2$ は正になるので,λ_1, λ_2 は実数になる.この場合は,式(5.5)を変形する必要もなく,次式の形で与えてよい(λ_1, λ_2 を式(5.6)で表しただけである).

$$x = C_1 e^{(-\alpha + \sqrt{\alpha^2 - \omega_n^2})t} + C_2 e^{(-\alpha - \sqrt{\alpha^2 - \omega_n^2})t} \tag{5.9}$$

② $\alpha^2 < \omega_n^2$ の場合

この場合は,式(5.6)の λ_1, λ_2 の $\sqrt{\alpha^2 - \omega_n^2}$ の $\alpha^2 - \omega_n^2$ は負になるので,λ_1, λ_2 は複素数になる.そこで,式(5.5)を式(5.10)のように変形しておいたほうが便利で

ある(複素数のままで数式展開してもよいが，振動する項が明らかになるので，**オイラーの公式** $\exp ia = \cos a + i \sin a$ を用いて変形しておいたほうがわかりやすい).

$$
\begin{aligned}
x &= C_1 e^{(-\alpha + i\sqrt{\omega_n^2 - \alpha^2})t} + C_2 e^{(-\alpha - i\sqrt{\omega_n^2 - \alpha^2})t} \\
&= e^{-\alpha t}\left(C_1 e^{i\sqrt{\omega_n^2 - \alpha^2}\,t} + C_2 e^{-i\sqrt{\omega_n^2 - \alpha^2}\,t}\right) \\
&= e^{-\alpha t}\Big\{C_1\left[\cos(\sqrt{\omega_n^2 - \alpha^2}\,t) + i\sin(\sqrt{\omega_n^2 - \alpha^2}\,t)\right] \\
&\qquad\quad + C_2[\cos(\sqrt{\omega_n^2 - \alpha^2}\,t) - i\sin(\sqrt{\omega_n^2 - \alpha^2}\,t)]\Big\} \\
&= e^{-\alpha t}\left[(C_1 + C_2)\cos(\sqrt{\omega_n^2 - \alpha^2}\,t) + i(C_1 - C_2)\sin(\sqrt{\omega_n^2 - \alpha^2}\,t)\right] \quad (5.10)
\end{aligned}
$$

振動系では，変位 x が複素数になることはない．これは，初期条件を適用して C_1, C_2 を決めるときに解決されるが，同じ結果が得られるので，ここでは未定係数 C_1, C_2 を次のように実数の未定係数 A, B に置き換えておく．

$$(C_1 + C_2) = A, \qquad i(C_1 - C_2) = B \tag{5.11}$$

式(5.11)の係数を用いて式(5.10)を書き換えれば，次式を得る．

$$x = e^{-\alpha t}(A\cos\omega_d t + B\sin\omega_d t) \tag{5.12}$$

ここで，

$$\omega_d = \sqrt{\omega_n^2 - \alpha^2} \tag{5.13}$$

である．

式(5.12)の変位の ( ) 内を 1 個の三角関数の形で表すこともできる．式(5.12)を次式のように変形する．

$$x = e^{-\alpha t}\sqrt{A^2 + B^2}\left(\frac{A}{\sqrt{A^2 + B^2}}\cos\omega_d t + \frac{B}{\sqrt{A^2 + B^2}}\sin\omega_d t\right) \tag{5.14}$$

$0 < A,\ 0 < B$ と仮定して，図 5.4 に示すように，A, B を直角三角形の 2 辺として，図のように角 φ をとれば，

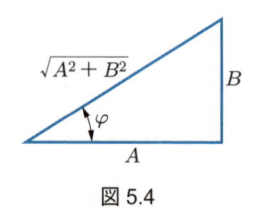

図 5.4

$$\cos\varphi = \frac{A}{\sqrt{A^2+B^2}}, \qquad \sin\varphi = \frac{B}{\sqrt{A^2+B^2}} \tag{5.15}$$

であり，この式を式(5.14)に適用することで，次式が得られる．

$$\begin{aligned}x &= e^{-at}\sqrt{A^2+B^2}\left(\cos\varphi\cos\omega_d t + \sin\varphi\sin\omega_d t\right) \\ &= e^{-at}\sqrt{A^2+B^2}\cos(\omega_d t - \varphi) \\ &= Xe^{-at}\cos(\omega_d t - \varphi)\end{aligned} \tag{5.16}$$

ここで，X は未定係数であり，φ は図5.4から次式で与えられる．

$$\tan\varphi = \frac{B}{A} \qquad \therefore\ \varphi = \tan_2^{-1}\left(\frac{B}{A}\right) \tag{5.17}$$

たとえば，$0<A$，$0<B$ の場合，図5.4に示すように，$\varphi=\tan^{-1}(B/A)$ で与えられる．しかし，$0<A$，$0<B$ とならない場合もあるので，例題2.2で説明したように，$\varphi=\tan_2^{-1}(B/A)$ で φ を求める必要がある．

(2) $\alpha^2 = \omega_n^2$ の場合

式(5.6)の λ_1，λ_2 は，$\lambda_1 = \lambda_2 = -\alpha = -\omega_n = -\sqrt{k/m}$ となってしまって，式(5.5)は一つの解になってしまう．このような場合は，式(5.4)の解として，次式の形になることが知られている．

$$x = (C_1 + C_2 t)e^{-\alpha t} \tag{5.18}$$

式(5.18)の形が式(5.4)の解となることを確認しよう．式(5.18)を式(5.4)の左辺に代入するので，まず微分式をつくる．

$$\dot{x} = \frac{\mathrm{d}x}{\mathrm{d}t} = C_2 e^{-\alpha t} + (-\alpha)(C_1 + C_2 t)e^{-\alpha t} \tag{5.19}$$

$$\ddot{x} = \frac{\mathrm{d}^2 x}{\mathrm{d}t^2} = (-\alpha)C_2 e^{-\alpha t} + (-\alpha)(C_2)e^{-\alpha t} + (-\alpha)^2(C_1 + C_2 t)e^{-\alpha t} \tag{5.20}$$

式(5.18)～(5.20)を式(5.4)の左辺に代入すれば，次式を得る．

$$\begin{aligned}\frac{\mathrm{d}^2 x}{\mathrm{d}t^2} &+ 2\alpha\frac{\mathrm{d}x}{\mathrm{d}t} + \omega_n^2 x = \frac{\mathrm{d}^2 x}{\mathrm{d}t^2} + 2\alpha\frac{\mathrm{d}x}{\mathrm{d}t} + \alpha^2 x \\ &= (-\alpha)C_2 e^{-\alpha t} + (-\alpha)(C_2)e^{-\alpha t} + (-\alpha)^2(C_1 + C_2 t)e^{-\alpha t} \\ &\quad + 2\alpha[C_2 e^{-\alpha t} + (-\alpha)(C_1 + C_2 t)e^{-\alpha t}] + \alpha^2(C_1 + C_2 t)e^{-\alpha t} \\ &= 0\end{aligned} \tag{5.21}$$

よって，式(5.18)は式(5.4)の微分方程式を満たすので，解として採用してよいことが確認された．

5.3　1質点系の微分方程式

図 5.5 に示すように，質量 m の小物体が，ばね定数 k のばねと粘性減衰係数 c のダッシュポットによって剛性天井に取り付けられている．以下では，この質点系が時刻 $t=0$ のときに，物体に変位を与えるか，速度を与えるか，あるいは両方を与えて自由振動させる場合を考える．ただし，x 座標は図 5.5 のように採用する．

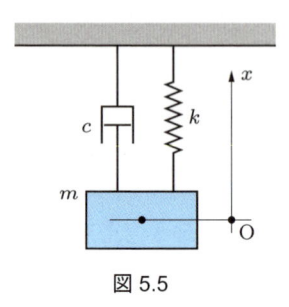

図 5.5

図 5.5 の物体が，x だけ変位しているときの運動方程式を求める．$0<\dot{x}$ のときは，式(5.1)で与えられる粘性抵抗 F_c の矢印は，図 5.6(a) に示すように，物体の上方への移動を妨げるように下向きにはたらくので，運動方程式は次式となる．

$$-m\frac{\mathrm{d}^2 x}{\mathrm{d}t^2} - F_c - kx = 0, \qquad -m\frac{\mathrm{d}^2 x}{\mathrm{d}t^2} - c\frac{\mathrm{d}x}{\mathrm{d}t} - kx = 0 \qquad (5.22)$$

$\dot{x}<0$ のときは，図 5.6(b) に示すように，物体の下方への移動を妨げるようにはたらくので，粘性抵抗 F_c の矢印は上向きにはたらく．したがって，運動方程式は次式となる．

$$-m\frac{\mathrm{d}^2 x}{\mathrm{d}t^2} + F_c - kx = 0, \qquad -m\frac{\mathrm{d}^2 x}{\mathrm{d}t^2} + \left(-c\frac{\mathrm{d}x}{\mathrm{d}t}\right) - kx = 0 \qquad (5.23)$$

したがって，速度が正でも負でも，図 5.5 の 1 質点系に対しては，同じ形の次の運動方程式が得られる．

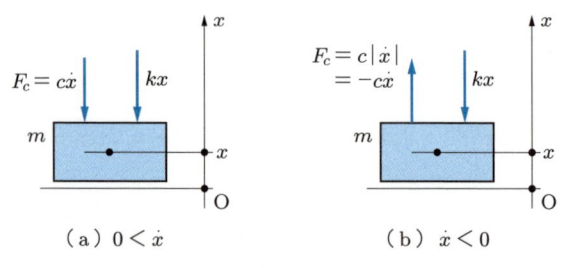

（a）$0<\dot{x}$　　　（b）$\dot{x}<0$

図 5.6

$$m\frac{\mathrm{d}^2 x}{\mathrm{d}t^2} + c\frac{\mathrm{d}x}{\mathrm{d}t} + kx = 0 \qquad \therefore \quad \frac{\mathrm{d}^2 x}{\mathrm{d}t^2} + \frac{c}{m}\frac{\mathrm{d}x}{\mathrm{d}t} + \frac{k}{m}x = 0 \tag{5.24}$$

5.2 節の微分方程式の解を利用するため，式 (5.24) を次の形に書き換える．

$$\frac{\mathrm{d}^2 x}{\mathrm{d}t^2} + 2\frac{c}{2m}\frac{\mathrm{d}x}{\mathrm{d}t} + \left(\sqrt{\frac{k}{m}}\right)^2 x = 0, \qquad \frac{\mathrm{d}^2 x}{\mathrm{d}t^2} + 2\alpha\frac{\mathrm{d}x}{\mathrm{d}t} + \omega_n^2 x = 0 \tag{5.25}$$

ここで，

$$\alpha = \frac{c}{2m}, \qquad \omega_n = \sqrt{\frac{k}{m}} \tag{5.26}$$

である．$\omega_n = \sqrt{k/m}$ を非減衰固有角振動数といい，ダッシュポットがない系では，単に固有角振動数という．式 (5.25) の解は 5.2 節で述べたが，$\alpha^2 - \omega_n^2$ の正負によって ($\alpha = c/(2m)$ と $\omega_n = \sqrt{k/m}$ の大小関係によって) 異なる形をもつ．ここで，次式

$$\alpha^2 - \omega_n^2 = 0 \tag{5.27}$$

を満たすときの α を $\alpha_c = c_c/(2m)$ とおけば，3 種類の解から解を選ぶときに少しだけ便利である．そこで，式 (5.27) を満たす係数 c_c を次式で求める．

$$\alpha_c^2 - \omega_n^2 = 0, \qquad \frac{c_c}{2m} \times \frac{c_c}{2m} - \sqrt{\frac{k}{m}} \times \sqrt{\frac{k}{m}} = 0$$

$$\left(\frac{c_c}{2m} + \sqrt{\frac{k}{m}}\right)\left(\frac{c_c}{2m} - \sqrt{\frac{k}{m}}\right) = 0$$

$$\therefore \quad c_c = 2m\sqrt{k/m} = 2m\omega_n \tag{5.28}$$

式 (5.28) で与えられる係数 c_c を臨界減衰係数という．

$\alpha^2 - \omega_n^2$ を c と c_c で表す．式 (5.28) から $\omega_n = c_c/(2m)$ となるので次式となる．

$$\alpha^2 - \omega_n^2 = \left(\frac{c}{2m}\right)^2 - \left(\frac{c_c}{2m}\right)^2 = \frac{1}{(2m)^2}(c^2 - c_c^2) = \frac{c_c^2}{(2m)^2}\left(\frac{c^2}{c_c^2} - 1\right) \tag{5.29}$$

粘性減衰係数 c と c_c の値を比較しても $\alpha^2 - \omega_n^2$ の正負はわかるが，c/c_c の比を考えれば，式 (5.29) から，$c/c_c < 1.0$ のときは $\alpha^2 - \omega_n^2$ が負になり，$c/c_c > 1.0$ のときは $\alpha^2 - \omega_n^2$ が正になり，$c/c_c = 1.0$ のときは $\alpha^2 - \omega_n^2 = 0$ となるのでわかりやすい．そこで，新たな無次元量である減衰比 ζ を，次式で定義する．

$$\zeta = \frac{c}{c_c} \tag{5.30}$$

この ζ で式 (5.26) を表現することを考える．このため，α を ζ と $\omega_n = c_c/(2m)$ で表すようにする．式 (5.26) に式 (5.28)，(5.30) を適用して，次式を得る．

$$\alpha = \frac{c}{2m} = \frac{c}{c_c} \times \frac{c_c}{2m} = \zeta\omega_n \tag{5.31}$$

解の特性を与える $\alpha^2 - \omega_n^2$ を ζ で与えておくと少しだけ便利であるので，$\alpha^2 - \omega_n^2$ に式(5.31)を代入して，次のように計算しておく．

$$\alpha^2 - \omega_n^2 = (\zeta\omega_n)^2 - \omega_n^2 = (\zeta^2 - 1)\omega_n^2 = (\zeta + 1)(\zeta - 1)\omega_n^2 \quad (5.32)$$

1質点系であるので，与えられる値は，質量 m，ばね定数 k と粘性減衰係数 c だけであるが，これらの値がほかの定数で置き換えられてしまった．わかりにくくなっているので，再掲になるが以下に関係式をまとめておく†．

$$\alpha = \frac{c}{2m}, \quad \omega_n = \sqrt{k/m}, \quad c_c = 2m\omega_n = 2\sqrt{mk}, \quad \zeta = \frac{c}{c_c}$$

$$\alpha = \frac{c}{2m} = \frac{\zeta c_c}{2m} = \zeta\omega_n, \quad \alpha^2 - \omega_n^2 = (\zeta^2 - 1)\omega_n^2, \quad c = \zeta c_c = \zeta \times 2\sqrt{mk}$$

$$\frac{c}{m} = 2\alpha = 2\zeta\omega_n \quad (5.33)$$

さて，式(5.25)の微分方程式を，3種類の場合に対して分類して解いていく．

(1) $\alpha^2 > \omega_n^2$ の場合($\zeta > 1$，大減衰)

式(5.32)より，$\alpha^2 > \omega_n^2$ の場合，$\zeta > 1$ となることがわかる．この場合は，式(5.25)の解である変位 x は，式(5.9)で与えられる．式(5.9)を式(5.33)のパラメータを用いて変形していく．

$$x = C_1 e^{(-\alpha+\sqrt{\alpha^2-\omega_n^2})t} + C_2 e^{(-\alpha-\sqrt{\alpha^2-\omega_n^2})t}$$
$$= C_1 e^{(-\zeta+\sqrt{\zeta^2-1})\omega_n t} + C_2 e^{(-\zeta-\sqrt{\zeta^2-1})\omega_n t} \quad (5.34)$$

$\alpha^2 > \omega_n^2$ と $\zeta > 1$ は同値となるが，この場合の振動を**大減衰**という．

図5.5の物体を，静止の位置から上方に x_0 だけ持ち上げて時刻 $t = 0$ で手を離したときの変位を求めてみる．このときの初期条件は，次式で与えられる．

$$x = x_0 \quad (t = 0), \qquad \dot{x} = 0 \quad (t = 0) \quad (5.35)$$

式(5.34)を微分すると

$$\dot{x} = C_1(-\zeta + \sqrt{\zeta^2 - 1})\omega_n e^{(-\zeta+\sqrt{\zeta^2-1})\omega_n t}$$
$$+ C_2(-\zeta - \sqrt{\zeta^2 - 1})\omega_n e^{(-\zeta-\sqrt{\zeta^2-1})\omega_n t} \quad (5.36)$$

が得られるので，この式に初期条件の式(5.35)を適用すれば，次式が得られる．

$$x_0 = C_1 + C_2, \quad 0 = C_1(-\zeta + \sqrt{\zeta^2 - 1})\omega_n + C_2(-\zeta - \sqrt{\zeta^2 - 1})\omega_n \quad (5.37)$$

---

† m, k, c であれば物理的な意味をとらえられるが，$\alpha, \omega_n, \zeta, c_c$ になれば物理的な意味をとらえにくくなるので好ましくない．しかし，一般に式(5.33)のパラメータが用いられているので，これらの定数に慣れる必要がある．

式(5.37)を解けば，C_1 と C_2 は次式となる．

$$C_1 = -\frac{-\zeta - \sqrt{\zeta^2 - 1}}{2\sqrt{\zeta^2 - 1}} x_0, \quad C_2 = \frac{-\zeta + \sqrt{\zeta^2 - 1}}{2\sqrt{\zeta^2 - 1}} x_0 \tag{5.38}$$

式(5.38)の C_1 と C_2 を式(5.34)に代入して，変位 x は次式のように決まる．

$$x = -\frac{-\zeta - \sqrt{\zeta^2 - 1}}{2\sqrt{\zeta^2 - 1}} x_0 e^{(-\zeta + \sqrt{\zeta^2-1})\omega_n t} + \frac{-\zeta + \sqrt{\zeta^2 - 1}}{2\sqrt{\zeta^2 - 1}} x_0 e^{(-\zeta - \sqrt{\zeta^2-1})\omega_n t} \tag{5.39}$$

（2）$\alpha^2 < \omega_n^2$ の場合（$\zeta < 1$，小減衰）

式(5.32)より，$\alpha^2 < \omega_n^2$ の場合，$\zeta < 1$ となることがわかる．$\zeta < 1$ となる振動を**小減衰**という．式(5.25)の解である変位 x は，式(5.16)となるので次式を得る．

$$x = Xe^{-\alpha t} \cos(\omega_d t - \varphi) \tag{5.40}$$

ここで，X は振幅であり，φ は位相角である．また，ω_d を**減衰固有角振動数**といい，次式で定義される．

$$\omega_d = \sqrt{\omega_n^2 - \alpha^2} \tag{5.41}$$

式(5.41)の ω_d に式(5.33)の $\alpha = \omega_n \zeta$ を代入すれば，次式となる．

$$\omega_d = \sqrt{\omega_n^2 - \alpha^2} = \sqrt{\omega_n^2 - (\zeta \omega_n)^2} = \omega_n \sqrt{1 - \zeta^2} \tag{5.42}$$

よって，式(5.40)は次式に変わる．

$$x = Xe^{-\zeta \omega_n t} \cos(\sqrt{1 - \zeta^2}\, \omega_n t - \varphi) \tag{5.43}$$

図5.5の物体を上に x_0 だけ持ち上げて静かに手を離したときの初期条件は，次式で与えられる．

$$x = x_0 \quad (t = 0), \qquad \dot{x} = 0 \quad (t = 0) \tag{5.44}$$

式(5.43)を微分して，次式を得る．

$$\begin{aligned}\dot{x} &= X(-\zeta \omega_n) e^{-\zeta \omega_n t} \cos(\sqrt{1-\zeta^2}\, \omega_n t - \varphi) \\ &\quad - X\sqrt{1-\zeta^2}\, \omega_n e^{-\zeta \omega_n t} \sin(\sqrt{1-\zeta^2}\, \omega_n t - \varphi)\end{aligned} \tag{5.45}$$

式(5.43)と式(5.45)に，境界条件の式(5.44)を適用して次式を得る．

$$x_0 = X \cos \varphi \quad \therefore\ X = \frac{x_0}{\cos \varphi} \tag{5.46}$$

$$0 = (-\zeta) \cos \varphi + \sqrt{1 - \zeta^2} \sin \varphi, \quad \tan \varphi = \frac{\zeta}{\sqrt{1-\zeta^2}}$$

$$\therefore \varphi = \tan_2^{-1}\left(\frac{\zeta}{\sqrt{1-\zeta^2}}\right) \tag{5.47}$$

式(5.47)では，$\tan_2^{-1}(\ )$ の ( ) 内の分母と分子は常に正になるので，$\tan^{-1}(\ )$ を用いてもよい．振幅 X と位相角 φ が決まったので，変位は次式となる．

$$x = \frac{x_0}{\cos\varphi} e^{-\zeta\omega_n t} \cos(\sqrt{1-\zeta^2}\,\omega_n t - \varphi) \tag{5.48}$$

（3）$\alpha^2 = \omega_n^2$ の場合($\zeta = 1$，限界減衰)

式(5.32)より，$\alpha^2 = \omega_n^2$ の場合，$\zeta = 1$ となることがわかる．$\zeta = 1$ の振動を**限界減衰**という．このとき，式(5.25)の解は式(5.18)で与えられるので次式となる．

$$x = (C_1 + C_2 t)e^{-\omega_n t} \tag{5.49}$$

図 5.5 の物体を，静止の位置から上方に x_0 だけ手で静かに持ち上げて，時刻 $t = 0$ で手を離したときの変位を求めてみる．題意より，初期条件は次式で与えられる．

$$x = x_0 \quad (t=0), \qquad \dot{x} = 0 \quad (t=0) \tag{5.50}$$

式(5.49)を微分して，次式となる．

$$\begin{aligned}\dot{x} &= C_2 e^{-\omega_n t} + (C_1 + C_2 t)(-\omega_n)e^{-\omega_n t} \\ &= C_1(-\omega_n)e^{-\zeta\omega_n t} + C_2[1 + (-\omega_n)t]e^{-\omega_n t}\end{aligned} \tag{5.51}$$

式(5.49)と式(5.51)を境界条件の式(5.50)に適用して，

$$x_0 = (C_1 + C_2 \times 0) \times 1 \quad \therefore\ C_1 = x_0 \tag{5.52}$$

$$0 = C_1(-\omega_n) + C_2 \quad \therefore\ C_2 = \omega_n C_1 = \omega_n x_0 \tag{5.53}$$

となるので，変位は次式となる．

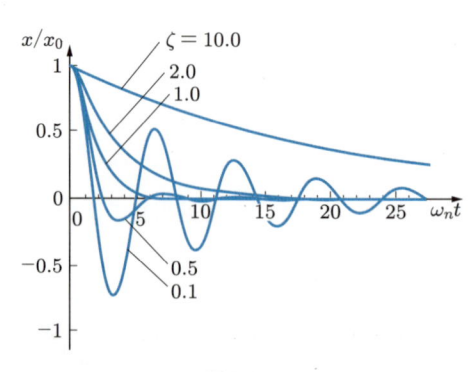

図 5.7

$$x = (x_0 + \omega_n x_0 t)e^{-\omega_n t} = x_0(1 + \omega_n t)e^{-\omega_n t} \tag{5.54}$$

式(5.39), (5.48), (5.54)の x/x_0 を, 横軸に $\omega_n t$ をとって示せば図5.7を得る. この図から, $\zeta = 0.1$ 程度の減衰比でも, すなわち $c = 0.1c_c = 0.1 \times 2m\sqrt{k/m} = 0.2\sqrt{mk}$ 程度の粘性減衰係数のダッシュポットでも, 系の振動は比較的すみやかに減衰していくことがわかる.

例題 5.1 図 5.8 に示すように, 質量 $m = 10$ kg の物体が, 粘性減衰係数 $c = 20.0$ Ns/m のダッシュポットと, ばね定数 $k = 800.0$ N/m のばねによって支えられている系が微小振動する. 非減衰固有角振動数, 臨界減衰係数, 減衰比, 減衰固有角振動数を求めよ.

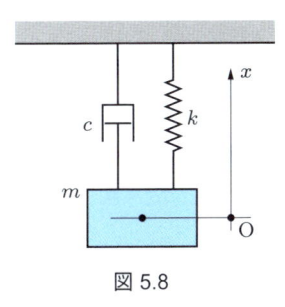

図 5.8

解答 系が微小振動するので小減衰となる. 非減衰固有角振動数 ω_n, 臨界減衰係数 c_c, 減衰比 ζ, 減衰固有角振動数 ω_d は次式で与えられる.

$$\omega_n = \sqrt{\frac{k}{m}} \tag{5.55}$$

$$c_c = 2m\omega_n = 2\sqrt{mk} \tag{5.56}$$

$$\zeta = \frac{c}{c_c} \tag{5.57}$$

$$\omega_d = \omega_n\sqrt{1 - \zeta^2} \tag{5.58}$$

数値を代入して, 次式のように計算される.

$$\omega_n = \sqrt{\frac{k}{m}} = \sqrt{\frac{800.0}{10.0}} = 8.94427191 = 8.944 \text{ rad/s}$$

$$c_c = 2m\omega_n = 2\sqrt{10.0 \times 800.0} = 178.8854382 = 178.9 \text{ Ns/m}$$

$$\zeta = \frac{c}{c_c} = \frac{20.0}{178.9} = 0.1118$$

$$\omega_d = \omega_n\sqrt{1-\zeta^2} = 8.94427191 \times \sqrt{1 - (0.1118033989)^2}$$
$$= 8.888194417 = 8.888 \text{ rad/s}$$

例題 5.2 図 5.9 の 1 質点系は小減衰する．この物体を静止の位置から上方に小さなハンマーで叩き上げたら，時刻 $t=0$ で v_0 の速さが与えられた．この物体の変位を求めよ．

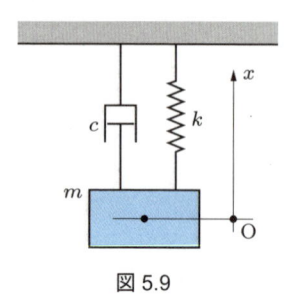

図 5.9

解答 図 5.9 のように x 座標を採用して，座標値 x で物体の変位（位置）を示す．題意より振動系は小減衰であるので，$\zeta < 1$ となる．初期条件は次式で与えられる．

$$x = 0 \quad (t=0), \qquad \dot{x} = v_0 \quad (t=0) \tag{5.59}$$

小減衰 $\zeta < 1$ であるので，運動方程式の解は式(5.43)で与えられる．

$$x = X e^{-\zeta \omega_n t} \cos(\sqrt{1-\zeta^2}\,\omega_n t - \varphi) \tag{5.60}$$

式(5.60)を微分すると

$$\begin{aligned}\dot{x} &= X(-\zeta \omega_n) e^{-\zeta \omega_n t} \cos(\sqrt{1-\zeta^2}\,\omega_n t - \varphi) \\ &\quad - X\sqrt{1-\zeta^2}\,\omega_n e^{-\zeta \omega_n t} \sin(\sqrt{1-\zeta^2}\,\omega_n t - \varphi)\end{aligned} \tag{5.61}$$

となり，式(5.60)と式(5.61)に境界条件の式(5.59)を適用して，次式を得る．

$$0 = X\cos(-\varphi), \qquad \cos\varphi = 0 \quad \therefore \quad \varphi = \pm\frac{\pi}{2} \tag{5.62}$$

$$v_0 = -X\sqrt{1-\zeta^2}\,\omega_n(\pm 1), \qquad X = \pm\frac{v_0}{\sqrt{1-\zeta^2}\,\omega_n} \tag{5.63}$$

したがって，式(5.62)と式(5.63)を式(5.60)に戻せば，変位は次式となる．

$$x = \pm\frac{v_0}{\sqrt{1-\zeta^2}\,\omega_n} e^{-\zeta \omega n t} \cos\left(\sqrt{1-\zeta^2}\,\omega_n t \pm \frac{\pi}{2}\right) \tag{5.64}$$

題意より，$t=0$ から時刻が増えるにつれて変位 x は増大すると考えられるので，式(5.64)の 4 個の解から次の解を選択する．

$$x = \frac{v_0}{\sqrt{1-\zeta^2}\,\omega_n} e^{-\zeta \omega_n t} \cos\left(\sqrt{1-\zeta^2}\,\omega_n t - \frac{\pi}{2}\right) \tag{5.65}$$

練習問題

5.1 図 5.10 に示すように，質量 m の物体の右側にばね定数 k のばねを取り付けて，右側の剛性壁に取り付けた．物体の左側には，図に示すように粘性減衰係数が c_1, c_2 のダッシュポット①と②を直列に取り付けて，左側の剛性壁に連結されている．この系の運動方程式を求めよ．

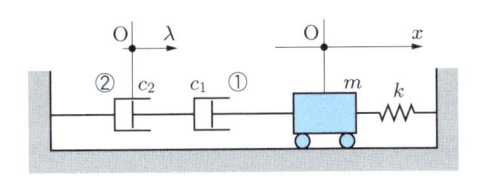

図 5.10

5.2 図 5.11 に示すように，左側の剛性壁の点にピン結合された軽い剛性棒 ABC の点 C に，ばね定数 k のばねが取り付けられ，剛性床に連結されている．また，点 B には質量 m の小物体が取り付けられている．小物体の下側には粘性減衰係数 c のダッシュポットが取り付けられていて，剛性床に連結されている．静止の状態で棒 ABC は水平であった．棒が微小振動するときの微分方程式を求め，減衰固有角振動数 ω_n と臨界減衰係数 c_c を求めよ．ただし，AC $= b$, AB $= a$ とする．

5.3 図 5.12 に示すように，質量 m, 半径 a の円板の円周上の点 A が，剛性天井にピン結合されている．円板の中心 O には，ばね定数 k のばねが取り付けられていて，右側の剛性壁に連結されている．円板の円周上の下端の点 B には，粘性減衰係数 c のダッシュポットが取り付けられていて，左側の剛性壁に連結されている．静止の状態で円板の直線 AOB は鉛直線となった．この円板が微小振動するときの微分方程式を求め，減衰固有角振動数 ω_d と臨界減衰係数 c_c を求めよ．ただし，重力加速度を g とする．

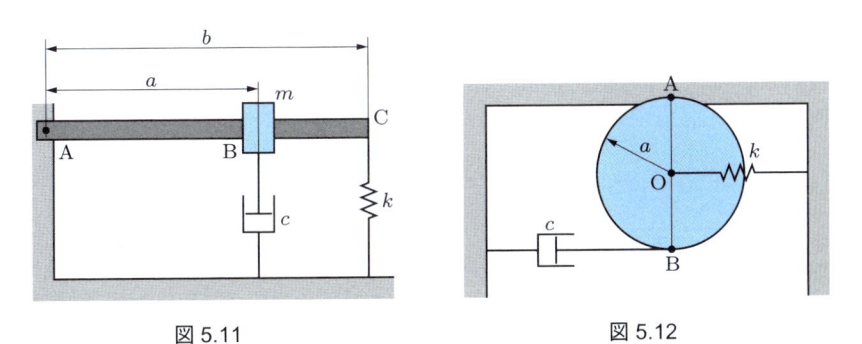

図 5.11

図 5.12

第6章 自由振動の変位とエネルギーの消費

　機械を床や天井(基礎部)に取り付けるとき，どの程度の粘性減衰係数 c の値をもつダッシュポットを添えればよいかを判断する必要がある．減衰比 ζ の値が大きすぎると，急に減衰して機器がガクンと変形しやすい．逆に，小さな ζ の値のダッシュポットを用いれば，機械の振動は長い時間継続するので好ましくない．このため，ζ は適切な値をとるように選択することが望ましい．通常は $\zeta < 1$ の値を用いるが，基礎部に取り付けられた機械の変位が何回程度振動したとき，変位がどの程度減少するかを検討する．また，物体に摩擦力がはたらくときの物体の変位も解説する．

6.1 対数減衰率

　図 6.1 に示すように，質量 m の小物体が，ばね定数 k のばねと粘性減衰係数 c のダッシュポットによって剛性天井に取り付けられている．小減衰($\alpha^2 < \omega_n^2$, $\zeta < 1$)の場合の自由振動の解である式(5.43)を再掲して，式(6.1)とする．

$$x = X e^{-\zeta \omega_n t} \cos(\sqrt{1-\zeta^2}\, \omega_n t - \varphi) \tag{6.1}$$

ここで，X は振幅であり，$\zeta = c/c_c$, $c_c = 2m\omega_n$, $\omega_n = \sqrt{k/m}$ となる．また，φ は位相角である．

　式(6.1)で与えられる変位 x は，$\cos$ の ( ) 内の値が 2π だけ増えれば，もしも $e^{-\zeta \omega_n t}$ の関数が掛けられていなければ同じ値になる．( ) 内の値が 2π だけ増えるための時間 T_d を求めてみると，任意の時刻 $t = t_0$ から周期 T_d だけ時刻を増やしたときに 2π になればよいので，次式を得る．

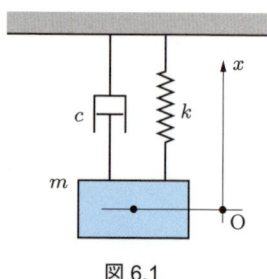

図 6.1

$$\left[\sqrt{1-\zeta^2}\,\omega_n(t_0+T_d)-\varphi\right]-\left(\sqrt{1-\zeta^2}\,\omega_n t_0-\varphi\right)=2\pi$$

$$\therefore\ \sqrt{1-\zeta^2}\,\omega_n T_d=2\pi,\qquad T_d=\frac{2\pi}{\sqrt{1-\zeta^2}\,\omega_n} \tag{6.2}$$

さて,式(6.1)の変位 x は,図 6.2 に示すように,極値をとりながら振動してゼロに近づく.極値をとる時刻は,cos の ( ) 内の値がゼロになるときである.最初の極値が発生する時刻 $t=t_1$ は,次式で求められる.

$$\sqrt{1-\zeta^2}\,\omega_n t_1-\varphi=0\qquad\therefore\ t_1=\frac{\varphi}{\sqrt{1-\zeta^2}\,\omega_n} \tag{6.3}$$

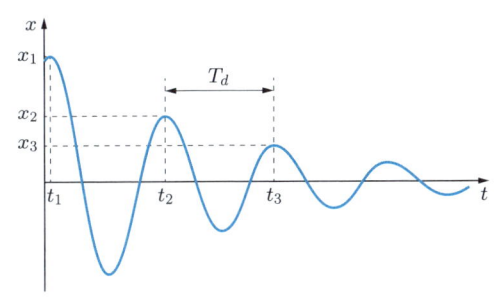

図 6.2

n 番目の極値は $t=t_n$ で発生するとすれば,式(6.3)の t_1 に式(6.2)の周期 T_d の $n-1$ 倍を加えれば求められるので,次式を得る.

$$t_n=t_1+(n-1)\times T_d=\frac{\varphi}{\sqrt{1-\zeta^2}\,\omega_n}+\frac{2\pi(n-1)}{\sqrt{1-\zeta^2}\,\omega_n} \tag{6.4}$$

すなわち,式(6.1)の変位 x は,すべての $t=t_n$ の時刻で cos( ) が 1.0 となるように決められた.いま,$t=t_n$ での変位 x_n を求めれば,次のようになる($e^{-\zeta\omega_n t_n}$ の上付き文字が小さいので,$\exp(-\zeta\omega_n t_n)$ として表した).

$$x_n=Xe^{-\zeta\omega_n t_n}=X\exp(-\zeta\omega_n t_n) \tag{6.5}$$

次の極値をもつ時刻 $t=t_{n+1}$ は,周期 $T_d=2\pi/(\sqrt{1-\zeta^2}\,\omega_n)$ を $t=t_n$ に加えればよいので,次式となる.

$$t=t_{n+1}=t_n+T_d=t_n+\frac{2\pi}{\sqrt{1-\zeta^2}\,\omega_n} \tag{6.6}$$

そこで,$t=t_n$ の次の時刻 $t=t_{n+1}=t_n+T_d$ での変位の極値 x_{n+1} を求めれば,次式を得る.

$$\begin{aligned}x_{n+1}&=Xe^{-\zeta\omega_n(t_n+T_d)}=X\exp\bigl[-\zeta\omega_n(t_n+T_d)\bigr]\\ &=X\exp\left[-\zeta\omega_n\left(t_n+\frac{2\pi}{\sqrt{1-\zeta^2}\,\omega_n}\right)\right]\end{aligned} \tag{6.7}$$

両者の比をとれば，式(6.5)と式(6.7)から次式となる．

$$\frac{x_n}{x_{n+1}} = \frac{X\exp(-\zeta\omega_n t_n)}{X\exp\left[-\zeta\omega_n\left(t_n + \dfrac{2\pi}{\sqrt{1-\zeta^2}\,\omega_n}\right)\right]}$$

$$= \exp\left[-\zeta\omega_n t_n + \zeta\omega_n\left(t_n + \frac{2\pi}{\sqrt{1-\zeta^2}\,\omega_n}\right)\right] = \exp\left(\frac{2\pi\zeta}{\sqrt{1-\zeta^2}}\right) \quad (6.8)$$

変位の減少の度合いを知るためには，式(6.8)で十分であるが，通常，式(6.8)の対数をとって対数減衰率 δ を定義して減少の度合いを示す．すなわち，**対数減衰率** δ は次式で与えられる．

$$\delta = \log\left(\frac{x_n}{x_{n+1}}\right) = \log\left[\exp\left(\frac{2\pi\zeta}{\sqrt{1-\zeta^2}}\right)\right] = \frac{2\pi\zeta}{\sqrt{1-\zeta^2}} \quad (6.9)$$

最初の極値 x_1 は $t = t_1$ で与えられる．すなわち，式(6.5)より次式となる．

$$x_1 = X\,e^{-\zeta\omega_n t_1} \quad (6.10)$$

同様に，n 回目の極値 x_n は $t = t_n = t_1 + (n-1)T_d$ で与えられるので，次式となる．

$$x_n = X e^{-\zeta\omega_n[t_1 + (n-1)T_d]} \quad (6.11)$$

式(6.10)と式(6.11)から比を求めて式(6.2)の周期 T_d を代入すれば，次式を得る．

$$\frac{x_1}{x_n} = \frac{Xe^{-\zeta\omega_n t_1}}{Xe^{-\zeta\omega_n[t_1+(n-1)T_d]}} = e^{\zeta\omega_n(n-1)T_d}$$

$$= \exp\left[\zeta\omega_n(n-1)\frac{2\pi}{\sqrt{1-\zeta^2}\,\omega_n}\right] = \exp\left[\frac{2\pi\zeta(n-1)}{\sqrt{1-\zeta^2}}\right] \quad (6.12)$$

$$\therefore\ x_n = \exp\left[-\frac{2\pi\zeta(n-1)}{\sqrt{1-\zeta^2}}\right] \times x_1 \quad (6.13)$$

例題 6.1 図 6.3 に示すように，質量 $m = 2.0$ kg の物体を，ばね定数 $k = 2500$ N/m のばねとダッシュポットで剛性天井に取り付けた．この系を振動させたとき，最初の極値から 10 回目で振幅が半減するようにしたい．このときの粘性減衰係数 c を求めよ．

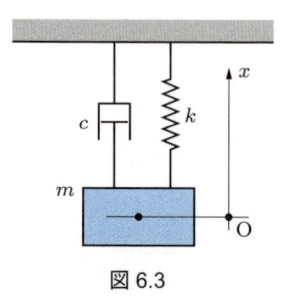

図 6.3

解答 図 6.3 に示すように x 座標を採用して，座標値 x で物体の変位を示す．式 (6.13) に $n = 10$ を代入し題意を用いれば，次式を得る．

$$x_{10} = \exp\left(-\frac{2\pi\zeta(10-1)}{\sqrt{1-\zeta^2}}\right) \times x_1 = 0.5 x_1 \quad \therefore \quad 0.5 = \exp\left(-\frac{18\pi\zeta}{\sqrt{1-\zeta^2}}\right) \tag{6.14}$$

式 (6.14) の対数をとれば，次式となる．

$$\log 0.5 = -\frac{18\pi\zeta}{\sqrt{1-\zeta^2}}, \quad \sqrt{1-\zeta^2} = \frac{-18\pi\zeta}{\log 0.5}, \quad 1-\zeta^2 = \frac{(18\pi)^2}{(\log 0.5)^2}\zeta^2$$

$$1 = \frac{(18\pi)^2}{(\log 0.5)^2}\zeta^2 + \zeta^2 = \frac{(18\pi)^2 + (\log 0.5)^2}{(\log 0.5)^2}\zeta^2$$

$$\therefore \quad \zeta^2 = \frac{(\log 0.5)^2}{(18\pi)^2 + (\log 0.5)^2} \tag{6.15}$$

減衰比 ζ は正となるので，次式で計算される．

$$\zeta = \sqrt{\frac{(\log 0.5)^2}{(18\pi)^2 + (\log 0.5)^2}} = 0.01226 \tag{6.16}$$

よって，粘性減衰抵抗 c は次式となる．

$$c = \zeta c_c = \zeta \times 2m\sqrt{\frac{k}{m}} = \zeta \times 2\sqrt{mk}$$
$$= 0.01226 \times 2\sqrt{2.0 \times 2500} = 1.734 \text{ kg/s} = 1.734 \text{ Ns/m} \tag{6.17}$$

6.2　1周期の消失エネルギー

図 6.4 に示すように，質量 m の小物体が，ばね定数 k のばねと粘性減衰係数 c のダッシュポットによって剛性天井に取り付けられている．この系が小減衰する場合 ($\zeta < 1$)，変位は徐々に減少していく．すなわち，この系はエネルギーを消失させていく．

本節では，1 周期の振動をすることによって消失されるエネルギーを求めてみる．

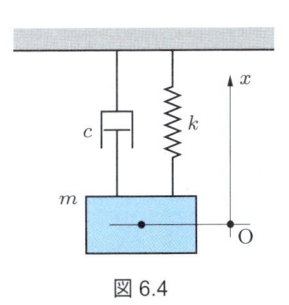

図 6.4

ダッシュポットはエネルギーを消費するばかりで蓄えることはできない．ばねは平衡の位置から伸びているか，あるいは縮んでいればもとの位置に戻ろうとする．すなわち，物体が平衡の位置から変位させられていると，ばねはエネルギーをもっている．本節では，変位のピーク値のひずみエネルギーから，次の変位のピーク値のひずみエネルギーを引いて，1周期で消失されるエネルギーを求める．

物体の変位の n 回目のピーク値を x_n とすれば，$n+1$ 回目のピーク値 x_{n+1} は，式(6.8)を再掲して次式となる．

$$\frac{x_n}{x_{n+1}} = \exp\left(\frac{2\pi\zeta}{\sqrt{1-\zeta^2}}\right) \quad \therefore \quad x_{n+1} = x_n \exp\left(\frac{-2\pi\zeta}{\sqrt{1-\zeta^2}}\right) \quad (6.18)$$

ここで，$\zeta = c/c_c$，$c_c = 2m\omega_n$，$\omega_n = \sqrt{k/m}$ である．

物体の変位のピーク値が x_n であるときのばねの**弾性ひずみエネルギー** U_n は，次式で与えられる．

$$U_n = \frac{1}{2}kx_n^2 \qquad (6.19)$$

ここで，k はばね定数である．同様に，物体の変位のピーク値が x_{n+1} であるときのばねの弾性ひずみエネルギー U_{n+1} は，次式で与えられる．

$$U_{n+1} = \frac{1}{2}kx_{n+1}^2 \qquad (6.20)$$

ここで，**1周期のエネルギー減衰率** ε を

$$\varepsilon = \frac{U_n - U_{n+1}}{U_n} \qquad (6.21)$$

と定義して，この式に式(6.19)と式(6.20)を代入して式(6.18)を適用すれば，次式を得る．

$$\varepsilon = \frac{U_n - U_{n+1}}{U_n} = 1 - \exp\left(-\frac{4\pi\zeta}{\sqrt{1-\zeta^2}}\right) \qquad (6.22)$$

n 回目のピーク値のときに系がもっているエネルギーは式(6.19)で与えられるので，この式に式(6.13)を代入して計算すれば，次式となる．

$$U_n = \frac{1}{2}kx_n^2 = \frac{1}{2}k \times x_1^2 \exp\left[-\frac{4\pi\zeta(n-1)}{\sqrt{1-\zeta^2}}\right] \qquad (6.23)$$

したがって，n 回目のピーク値 x_n になるまでに消費されるエネルギーは，次式で計算される．

$$U_1 - U_n = \frac{1}{2}(x_1^2 - x_n^2) = \frac{1}{2}k \times x_1^2 \left\{1 - \exp\left[-\frac{4\pi\zeta(n-1)}{\sqrt{1-\zeta^2}}\right]\right\} \qquad (6.24)$$

6.2 1周期の消失エネルギー

1周期で失われるエネルギーは例題6.2で取り扱う.なお,消費されるエネルギーのすべては,ダッシュポットの熱エネルギーに変換される(ばねの内部減衰によっても減衰するので,ばねの温度も少し上昇する).

例題 6.2 図6.5に示すように,質量 m の小物体が,ばね定数 k のばねと粘性減衰係数 c のダッシュポットによって剛性天井に取り付けられている.この質点系が小減衰するとき,1周期で消費するエネルギーは,系の非減衰固有角振動数の二乗 ω_n^2 と最初のピーク値の振幅の二乗 x_1^2 に比例することを証明せよ.ただし,減衰比 ζ は小さいものと仮定する.

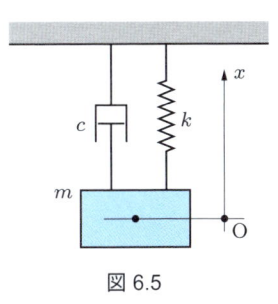

図 6.5

解答 物体の変位の n 回目のピーク値 x_n と $n+1$ 回目のピーク値 x_{n+1} は,式(6.13)から

$$x_n = \exp\left[-\frac{2\pi\zeta(n-1)}{\sqrt{1-\zeta^2}}\right] \times x_1, \quad x_{n+1} = \exp\left(-\frac{2\pi\zeta n}{\sqrt{1-\zeta^2}}\right) \times x_1 \tag{6.25}$$

となるので,物体が x_n だけ変位しているときのばねの弾性ひずみエネルギー U_n と, x_{n+1} だけ変位しているときのばねの弾性エネルギー U_{n+1} は,次式で与えられる.

$$U_n = \frac{1}{2}k(x_n)^2 = \frac{1}{2}kx_1^2 \times \left\{\exp\left[-\frac{2\pi\zeta(n-1)}{\sqrt{1-\zeta^2}}\right]\right\}^2$$

$$= \frac{1}{2}kx_1^2 \times \exp\left[-\frac{2\pi\zeta(n-1)}{\sqrt{1-\zeta^2}} \times 2\right]$$

$$U_{n+1} = \frac{1}{2}k(x_{n+1})^2 = \frac{1}{2}kx_1^2 \times \left[\exp\left(-\frac{2\pi\zeta n}{\sqrt{1-\zeta^2}}\right)\right]^2$$

$$= \frac{1}{2}kx_1^2 \times \exp\left(-\frac{2\pi\zeta n}{\sqrt{1-\zeta^2}} \times 2\right) \tag{6.26}$$

したがって,1周期で消費するエネルギー ΔU は,次式で与えられる.

$$\Delta U = U_n - U_{n+1} = \frac{1}{2}kx_1^2 \times \left\{\exp\left[-\frac{4\pi\zeta(n-1)}{\sqrt{1-\zeta^2}}\right] - \exp\left(-\frac{4\pi\zeta n}{\sqrt{1-\zeta^2}}\right)\right\} \tag{6.27}$$

減衰比 ζ は小さいため，式(6.27)の指数関数の [ ] 内と ( ) 内の値は小さいので，次式のように級数展開できる．

$$\exp\left[-\frac{4\pi\zeta(n-1)}{\sqrt{1-\zeta^2}}\right] = 1 - \frac{1}{1!}\frac{4\pi\zeta(n-1)}{\sqrt{1-\zeta^2}} + \frac{1}{2!} \times \frac{16\pi^2\zeta^2(n-1)^2}{1-\zeta^2} - \cdots$$

$$\exp\left(-\frac{4\pi\zeta n}{\sqrt{1-\zeta^2}}\right) = 1 - \frac{1}{1!}\frac{4\pi\zeta n}{\sqrt{1-\zeta^2}} + \frac{1}{2!} \times \frac{16\pi^2\zeta^2 n^2}{1-\zeta^2} - \cdots \quad (6.28)$$

式(6.28)を用いて式(6.27)の { } 内の式を計算すれば，次式となる．

$$\begin{aligned}
\{\ \} &= 1 - \frac{1}{1!}\frac{4\pi\zeta(n-1)}{\sqrt{1-\zeta^2}} + \frac{1}{2!} \times \frac{16\pi^2\zeta^2(n-1)^2}{1-\zeta^2} \\
&\quad - 1 + \frac{1}{1!}\frac{4\pi\zeta n}{\sqrt{1-\zeta^2}} - \frac{1}{2!} \times \frac{16\pi^2\zeta^2 n^2}{1-\zeta^2} - \cdots \\
&= \frac{-4\pi\zeta(n-1-n)}{\sqrt{1-\zeta^2}} + \frac{8\pi^2\zeta^2[(n-1)^2 - n^2]}{1-\zeta^2}\cdots \\
&= \frac{4\pi\zeta}{\sqrt{1-\zeta^2}} - \frac{8\pi^2\zeta^2(2n-1)}{1-\zeta^2}\cdots \\
&\approx \frac{4\pi\zeta}{\sqrt{1-\zeta^2}}
\end{aligned} \quad (6.29)$$

一方，非減衰固有角振動数 $\omega_n = \sqrt{k/m}$ より，ばね定数 k は次式で与えられる．

$$\omega_n = \sqrt{\frac{k}{m}}, \qquad k = m\omega_n^2 \quad (6.30)$$

式(6.29)と式(6.30)を式(6.27)に代入して，次式を得る．

$$\Delta U = U_n - U_{n+1} = \frac{1}{2}m\omega_n^2 x_1^2 \times \frac{4\pi\zeta}{\sqrt{1-\zeta^2}} \quad (6.31)$$

これより，1周期で消費するエネルギーは，系の非減衰固有角振動数 ω_n の二乗と最初のピーク値の振幅 x_1 の二乗に比例することが証明された．

6.3　物体の振動と摩擦力

(1) 運動方程式

図 6.6 に示すように，質量 m の物体がばね定数 k のばねの右端に取り付けられて

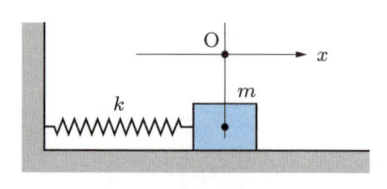

図 6.6

いて，ばねの左端は剛性壁に連結されている．動摩擦係数を μ，重力加速度を g として，床と物体との間に摩擦力がはたらくときの物体の振動を考えてみる．ただし，図 6.6 のように x 座標を採用する．

5.3 節で導かれているが，物体にダッシュポットが連結されている場合は速度 $\dot{x}$ の値にかかわらず，運動方程式の形は同じになった．しかし，摩擦力が物体にはたらくときは，$\dot{x}$ の値によって運動方程式の形は異なってくる．最初，$0 < \dot{x}$ の場合を考えてみる．物体が図 6.7(a) に示すように，x だけ変位したとき $0 < \dot{x}$ であったとすれば，摩擦力 $F = \mu mg$ の矢印は物体を左側に引くので，運動方程式は次のように求められる．

$$-m\ddot{x} - kx - F = 0 \quad \therefore \quad m\ddot{x} + kx = -F \tag{6.32}$$

静止摩擦係数と動摩擦係数の値は異なるので，摩擦力は物体が床の上を動いている場合と静止している場合では異なる．しかし，問題を簡単化するため，静止摩擦力も動摩擦力も同じと仮定する．

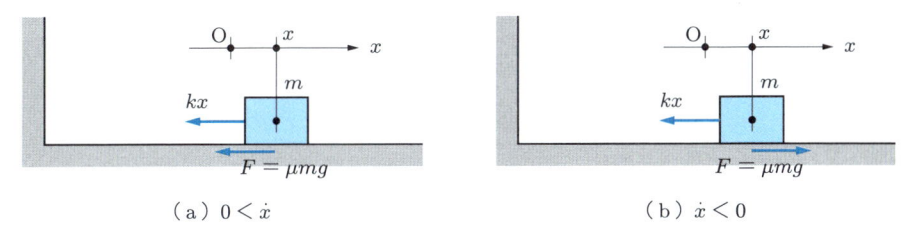

(a) $0 < \dot{x}$　　　　　　　　　(b) $\dot{x} < 0$

図 6.7

次に，図 6.7(b) に示すように，x だけ変位したとき $\dot{x} < 0$ であったとすれば，摩擦力 $F = \mu mg$ の矢印は物体を右側に引くので，運動方程式は次式となる．

$$-m\ddot{x} - kx + F = 0 \quad \therefore \quad m\ddot{x} + kx = F \tag{6.33}$$

（2）速度がゼロになるまで（第1ステップ）

式(6.32)と式(6.33)の解を求めてみる．図 6.6 の物体を手で右側に x_0 だけ引いて時刻 $t = 0$ で静かに離せば，図 6.7(b) に示すように，物体はばねに引かれて左側に動く．すなわち $\dot{x} < 0$ になるので，$\dot{x} = 0$ になるまでは，運動方程式は式(6.33)となる．式(6.33)の解を次のように仮定する．

$$x = A \cos \omega_n t + B \tag{6.34}$$

ここで，$\omega_n = \sqrt{k/m}$ であり，A，B は未定係数で時間 t には無関係となる．式(6.34)を式(6.33)に代入して $k/m = \omega_n^2$ となることを考慮すれば，次式を得る．

$$mA(-\omega_n^2)\cos\omega_n t + k(A\cos\omega_n t + B) = F$$

$$A(-\omega_n^2)\cos\omega_n t + \omega_n^2 A\cos\omega_n t + \frac{k}{m}B = \frac{F}{m} \quad \therefore B = \frac{F}{k} \quad (6.35)$$

初期条件は次式で与えられる．

$$x = x_0 \quad (t=0) \tag{6.36}$$

$$\dot{x} = 0 \quad (t=0) \tag{6.37}$$

式(6.34)を時間で1回微分すれば，

$$\dot{x} = A(-\omega_n)\sin\omega_n t \tag{6.38}$$

となる．この式から，初期条件の式(6.37)は満足されていることがわかる．初期条件の式(6.36)を適用すれば，次式を得る．

$$x_0 = A\cos(\omega_n \times 0) + \frac{F}{k} \quad \therefore A = x_0 - \frac{F}{k} \tag{6.39}$$

未定係数 $A,\,B$ が決まったので，式(6.34)に戻せば次式を得る．

$$x = \left(x_0 - \frac{F}{k}\right)\cos\omega_n t + \frac{F}{k} \tag{6.40}$$

次に，速度がゼロになる時間を求めるために式(6.40)を微分してゼロとすれば，次式のようになる．

$$\dot{x} = \left(x_0 - \frac{F}{k}\right)(-\omega_n)\sin\omega_n t = 0, \qquad \sin\omega_n t = 0$$

$$\omega_n t = \pi \quad \therefore t = \frac{\pi}{\omega_n} \tag{6.41}$$

$t=0$ から $t=\pi/\omega_n$ までは $\dot{x}<0$ が成立する．

（3）速度がゼロになるまで（第2ステップ）

$\pi/\omega_n < t$ 以降の時間では $\dot{x}$ は正になるので，式(6.32)の運動方程式を解かなければならない．このために，$t=\pi/\omega_n$ のときの変位が必要となる．$t=\pi/\omega_n$ を式(6.40)に代入して，次式を得る．

$$x = \left(x_0 - \frac{F}{k}\right)\cos\left(\omega_n\frac{\pi}{\omega_n}\right) + \frac{F}{k} = -\left(x_0 - 2\frac{F}{k}\right) \quad \left(t=\frac{\pi}{\omega_n}\right) \tag{6.42}$$

式(6.32)の運動方程式の解を次式で仮定する．

$$x = C\cos\omega_n t + D \tag{6.43}$$

ここで，$C,\,D$ は未定係数である．式(6.43)を式(6.32)に代入して，次式を得る．

$$m(-\omega_n^2)C\cos\omega_n t + kC\cos\omega_n t + kD = -F$$

$$(-\omega_n^2)C\cos\omega_n t + \omega_n^2 C\cos\omega_n t + \frac{k}{m}D = -\frac{F}{m}$$

$$\therefore \quad D = -\frac{F}{k} \tag{6.44}$$

式(6.43)の変位は，$t = \pi/\omega_n$ において，式(6.42)の変位である $x = -(x_0 - 2F/k)$ とならなければならないので，次式が成立する．

$$C\cos\left(\omega_n \frac{\pi}{\omega_n}\right) - \frac{F}{k} = -\left(x_0 - 2\frac{F}{k}\right), \quad -\left(x_0 - 2\frac{F}{k}\right) = -C - \frac{F}{k}$$

$$\therefore \quad C = -\frac{F}{k} + \left(x_0 - 2\frac{F}{k}\right) = x_0 - 3\frac{F}{k} \tag{6.45}$$

未定係数 C, D を式(6.43)に戻せば，$\pi/\omega_n < t$ から次に速度がゼロになる時刻までの解は，次式で与えられる．

$$x = \left(x_0 - 3\frac{F}{k}\right)\cos\omega_n t - \frac{F}{k} \tag{6.46}$$

次に，速度がゼロになる時刻を求めるために，式(6.46)を時間 t で微分してゼロとおけば，次式を得る．

$$\dot{x} = \left(x_0 - 3\frac{F}{k}\right)(-\omega_n)\sin\omega_n t = 0, \quad \sin\omega_n t = 0$$

$$\omega_n t = 2\pi \quad \therefore \quad t = \frac{2\pi}{\omega_n} \tag{6.47}$$

$t = 2\pi/\omega_n$ での変位は，式(6.46)から次式のように求められる．

$$x = \left(x_0 - 3\frac{F}{k}\right)\cos\left(\omega_n \frac{2\pi}{\omega_n}\right) - \frac{F}{k}$$

$$= \left(x_0 - 4\frac{F}{k}\right) \quad \left(t = \frac{2\pi}{\omega_n}\right) \tag{6.48}$$

（4）変位の絶対値の減少量

さて，速度がゼロになる時刻での変位を以下に拾い出してみる．

$$x = x_0 \quad (t = 0)$$

$$x = -\left(x_0 - 2\frac{F}{k}\right) \quad \left(t = \frac{\pi}{\omega_n}\right)$$

$$x = x_0 - 4\frac{F}{k} \quad \left(t = \frac{2\pi}{\omega_n}\right) \tag{6.49}$$

式 (6.49) から，山 $(t=0)$ から谷 $(t=\pi/\omega_n)$ に下りたとき，変位の絶対値は $2F/k$ だけ減少し，谷 $(t=\pi/\omega_n)$ から山 $(t=2\pi/\omega_n)$ に登れば，変位の絶対値はさらに $2F/k$ だけ減少している．図 6.8 に示すように，摩擦力がはたらく 1 質点系の変位はこの繰り返しになるので，変位のピーク値は直線的に減少していく．

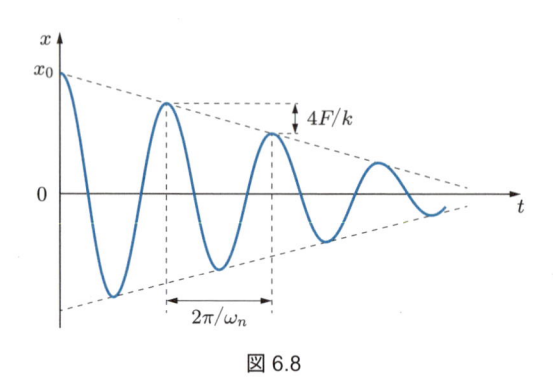

図 6.8

例題 6.3 図 6.9 に示すように，質量 m の物体が床に置かれている．左端にはばね定数 k のばねが取り付けられていて，そのばねは左端の剛性壁に取り付けられている．物体を手で右側に x_0 だけ引いて時刻 $t=0$ で静かに離せば，この物体は何回振動するか．ただし，物体と床の動摩擦係数を μ とする．

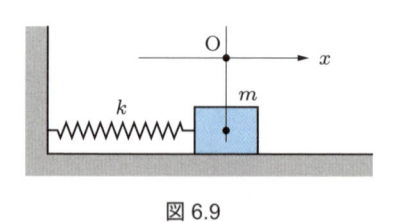

図 6.9

解答 式 (6.49) から，振動が n 回繰り返されたときの物体の振幅 x_n は，次式で与えられる．

$$x_n = x_0 - 4\frac{F}{k} \times n = x_0 - 4\frac{\mu mg}{k} \times n \tag{6.50}$$

式 (6.50) で与えられる変位がばねに与えられるとき，ばねが物体を静止の位置に戻そうとする力 P_n は（ばね定数×変位）で与えられるので，次式となる．

$$P_n = k \times x_n = k\left(x_0 - 4\frac{\mu mg}{k} \times n\right) = kx_0 - 4\mu mgn \tag{6.51}$$

この力が物体にはたらく摩擦力より大きい場合，物体は動くことができるので，次式が成立する．

$$\mu mg < kx_0 - 4\mu mgn, \quad 4\mu mgn < kx_0 - \mu mg$$

$$\therefore \quad n < \frac{kx_0 - \mu mg}{4\mu mg} \tag{6.52}$$

したがって，式(6.52)を満たす n の回数だけ振動することができる．

練習問題

6.1 図 6.10 に示すように，質量 $m = 5.0$ kg の物体をばね定数 $k = 3000$ N/m のばねで剛性天井に取り付けた．この系を振動させたとき，11 回目の振動の振幅は 10 回目のそれの 0.9 倍になった．この系の粘性減衰係数 c と減衰固有角振動数 ω_d を求めよ．

6.2 図 6.11 に示すように，床に置かれた質量 $m = 2.0$ kg の物体の右端に，ばね定数 $k = 30$ N/m のばねを取り付けて，そのばねを右端の剛性壁に取り付けた．物体を，ばねに力がはたらかない位置から右側に 0.1 m 移動させて手を離したら振動した．手を離したときの時刻を $t = 0$ s としたとき，最も左側に移動したときの時刻を $t = t_L$ [s] とする．t_L を求めよ．また，$t = 0$ から $t = t_L$ までに物体が動いた距離 d を求めよ．ただし，物体と床の動摩擦係数を $\mu = 0.2$ とし，重力加速度を $g = 9.80$ m/s^2 とする．

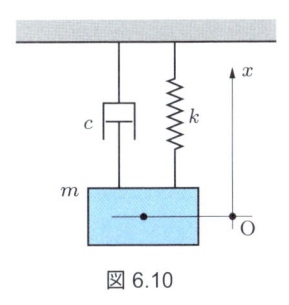

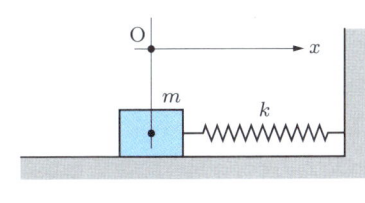

図 6.10

図 6.11

第7章 減衰系と非減衰系の強制振動（1自由度）

　系に外力がはたらかない限り，ばねを介して天井に取り付けられた物体などは振動することはない．物体に外力がはたらいたときに物体は振動する．本章では，物体に外力がはたらく場合の物体の振動について述べる．機械の設計に際して，変形は大きくならないかどうか，あるいは機械が壊れることはないかどうかを検討するためには系の強制振動を解く必要があるので，本章は重要となる．

7.1 強制振動と運動方程式

　機械や構造物が振動するためには，外から何らかの刺激を与えなければならない．加えられた外力の変動などが短時間で終われば，それ以降は外からの外乱を受けないので自由振動する．この振動については，第2章から第6章で取り扱った．一方，外乱が短時間で終わらないで長く続く場合の機械の振動を**強制振動**という．振動系にはたらく外乱が任意の関数で与えられる場合は，物体の変位はラプラス変換やデュアメル積分（本書で触れないが，簡単で便利な手法である）を用いて解析する必要がある．物体にはたらく外力などの外乱が $\sin\omega t$ や $\cos\omega t$ の形で与えられる場合（調和振動的外乱の場合）は，解析は比較的容易となる．系に外力が調和的に与えられる場合でも，外力の角振動数が系の固有角振動数に一致するか，あるいは接近しているときは，その振幅が小さくても機械が激しく揺れて壊れる場合がある．

　本章では，外乱が時刻 $t=t_s$ から $t=t_e$ まで $\sin\omega t$ や $\cos\omega t$ で与えられる場合を考えて，物体の変位を求める．本章の前半では，1自由度の減衰系（ダッシュポットで連結されている系）の強制振動を考え，後半では非減衰系の強制振動を取り扱う．機械の変位には自由振動の解と強制振動の解が混ざっているが，自由振動は比較的すみやかに減衰していくので，実際には強制振動の解が重要となる．

> **注意**：以下の解析は，外乱が $\sin\omega t$ や $\cos\omega t$ で与えられる間は有効となる．時刻は任意であるが，ここでは $t_s=0$ から $t_e=\infty$ であるとしておいてよい．ただし，$t_s=0$ の瞬間から外乱が $\sin\omega t$ の形で与えられることはまずない．どちらかといえば，外乱は急には立ち上がれず，実際には $\sin\omega t[1-\exp(-at)]$ の形の式で，あるいはこの形に類似の式で立ち上がっていくが，このときの解はラプラス変換を適用すれば解ける．

　図7.1に示すように，質量 m の物体が，ばね定数 k のばねと粘性減衰係数 c のダッ

図 7.1

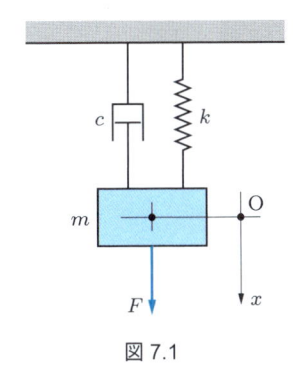

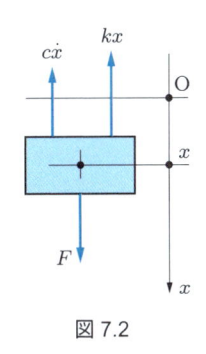

図 7.2

シュポットを介して剛性天井に連結されている系を考える．この物体には $0 \leq t$ の時間において，次式で与えられる外力 F が下向きにはたらくものとする．

$$F = F_0 \sin \omega t \tag{7.1}$$

ここで，ω は外力の角振動数であり，F_0 は外力の振幅で一般的に正となる．図 7.1 のように x 座標を採用する．時刻 $t = t$ において，物体は下方に x だけ変位したとすれば，物体には図 7.2 に示すように外力がはたらくので，運動方程式は次式となる．

$$-m\ddot{x} + F_0 \sin \omega t - kx - c\dot{x} = 0 \quad \therefore \quad m\ddot{x} + kx + c\dot{x} = F_0 \sin \omega t \tag{7.2}$$

注意：図 7.2 では，$0 < \dot{x}$ を考えて，粘性抵抗 $F_c = c\dot{x}$ は上向きにはたらかせている．5.3 節の説明と同様に考えれば，$\dot{x} < 0$ の場合でも，運動方程式は式(7.2)と同じ形になる．

7.2 運動方程式の解

次式を満たす解 x を，外力を受ける強制振動の運動方程式(7.2)に代入しても，この解 x は式(7.2)を妨げない．

$$m\ddot{x} + kx + c\dot{x} = 0 \tag{7.3}$$

すなわち，式(7.2)は 1 本の式であるが，次の 2 本の式と同じとなる．

$$m\ddot{x} + kx + c\dot{x} = 0 \tag{7.4a}$$

$$m\ddot{x} + kx + c\dot{x} = F_0 \sin \omega t \tag{7.4b}$$

式(7.4a)を満たす解 x を**基本解**といい，この解が自由振動の解に相当する．この解については，すでに第 5 章で詳細に述べている．式(7.4b)を満たす解 x を**特解**といい，式(7.4a)の基本解と式(7.4b)の特解を足し合わせた解を**一般解**という．5.1 節で述べ

たように，式(7.4a)を満たす基本解は時間とともに減少する．一方，式(7.4b)を満たす特解は外力がはたらいている限り消滅しないので，実際に重要となるのは特解である．ただし，初期条件を満足させるためには一般解を用いる必要がある．

さて，式(7.4b)を次のように変形する．

$$m\ddot{x} + kx + c\dot{x} - F_0 \sin\omega t = 0 \tag{7.5}$$

式(7.5)の特解を次式で仮定する．

$$x = X\sin(\omega t - \phi) \tag{7.6}$$

ここで，X は特解の振幅であるので一般的に正である．$\sin(\omega t - \phi)$ は $t = 0$ のとき $\sin(-\phi)$ となるが，この ϕ を位相角という．図7.1を見ればわかるが，粘性減衰係数 c がゼロでないとき，変位は外力 $F_0 \sin\omega t$ に遅れないでついていくことはできない．このため ω が小さな値のとき，ϕ は小さな正の値をもつが，ω が増大するにつれて ϕ の値も大きくなり，遅れが大きくなる．式(7.6)を微分して次式を得る．

$$\dot{x} = X\omega\cos(\omega t - \phi), \quad \ddot{x} = -X\omega^2\sin(\omega t - \phi) \tag{7.7}$$

式(7.6)と式(7.7)を式(7.5)に適用して，次式を得る．

$$-mX\omega^2\sin(\omega t - \phi) + kX\sin(\omega t - \phi)$$
$$+ cX\omega\cos(\omega t - \phi) - F_0\sin\omega t = 0 \tag{7.8}$$

ここで，三角関数の加法定理

$$\begin{aligned}\sin(\omega t - \phi) &= \sin\omega t \cos\phi - \cos\omega t \sin\phi \\ \cos(\omega t - \phi) &= \cos\omega t \cos\phi + \sin\omega t \sin\phi\end{aligned} \tag{7.9}$$

を式(7.8)に代入して整理すると，次式となる．

$$\begin{aligned}&\sin\omega t[(k - m\omega^2)X\cos\phi + cX\omega\sin\phi - F_0] \\ &+ \cos\omega t[-(k - m\omega^2)X\sin\phi + cX\omega\cos\phi] = 0\end{aligned} \tag{7.10}$$

式(7.10)で $\sin\omega t$，$\cos\omega t$ は常にゼロになることはないので，式(7.10)が成立するためには [ ] 内がゼロになる必要がある．そこで，次式が成立する．

$$(k - m\omega^2)X\cos\phi + cX\omega\sin\phi - F_0 = 0 \tag{7.11}$$

$$-(k - m\omega^2)\sin\phi + c\omega\cos\phi = 0 \tag{7.12}$$

式(7.12)より，

$$(c\omega)^2\cos^2\phi = (k - m\omega^2)^2\sin^2\phi \tag{7.13}$$

であり，三角関数には

$$\sin^2\phi + \cos^2\phi = 1 \tag{7.14}$$

という関係が成立するので，これを用いて式(7.13)を解けば，次式を得る．

$$\sin^2\phi = \frac{(c\omega)^2}{(c\omega)^2 + (k-m\omega^2)^2}, \quad \cos^2\phi = \frac{(k-m\omega^2)^2}{(c\omega)^2 + (k-m\omega^2)^2}$$

$$\therefore \quad \sin\phi = \pm\frac{c\omega}{\sqrt{(c\omega)^2 + (k-m\omega^2)^2}}, \quad \cos\phi = \pm\frac{\sqrt{(k-m\omega^2)^2}}{\sqrt{(c\omega)^2 + (k-m\omega^2)^2}} \tag{7.15}$$

ここで，式(7.15)の複号 $\pm$ を決める必要がある．$\sqrt{(k-m\omega^2)^2}$ は常に正である必要があるので，式(7.12)を満たすためには，$0 < k - m\omega^2$ のときは複号同順となり，$k - m\omega^2 < 0$ のときは複号逆順になる必要があることがわかる（例題7.1を参照のこと）．

例題 7.1 $0 < k - m\omega^2$ のとき，式(7.15)は複号逆順の場合は式(7.12)を満たさないことを示せ．

解答 式(7.12)の左辺を複号逆順で計算してみると，次式となる．

$$-(k-m\omega^2)\sin\phi + c\omega\cos\phi$$
$$= +\frac{-(k-m\omega^2)\times c\omega}{\sqrt{(c\omega)^2 + (k-m\omega^2)^2}} + c\omega\frac{-\sqrt{(k-m\omega^2)^2}}{\sqrt{(c\omega)^2 + (k-m\omega^2)^2}} \tag{7.16}$$

$0 < k - m\omega^2$ の場合は，次式となる．

$$\sqrt{(k-m\omega^2)^2} = k - m\omega^2 \tag{7.17}$$

式(7.17)を式(7.16)に代入して，次式となる．

$$-(k-m\omega^2)\sin\phi + c\omega\cos\phi$$
$$= +\frac{-(k-m\omega^2)\times c\omega}{\sqrt{(c\omega)^2 + (k-m\omega^2)^2}} + c\omega\frac{-(k-m\omega^2)}{\sqrt{(c\omega)^2 + (k-m\omega^2)^2}}$$
$$= \frac{-2(k-m\omega^2)\times c\omega}{\sqrt{(c\omega)^2 + (k-m\omega^2)^2}} \neq 0 \tag{7.18}$$

ゆえに，$0 < k - m\omega^2$ のとき，式(7.15)は複号逆順の場合は式(7.12)を満たさない．

式(7.12)より，ϕ は次式で求められる．

$$\tan\phi = \frac{\sin\phi}{\cos\phi} = \frac{c\omega}{(k-m\omega^2)} \quad \therefore \quad \phi = \tan_2^{-1}\left[\frac{c\omega}{(k-m\omega^2)}\right] \tag{7.19}$$

前述のように ω が増大するにつれて，ϕ はゼロから増大する．このため，$\tan\phi = \sin\phi/\cos\phi = (-c\omega)/[-(k-m\omega^2)]$ とした場合は，$\phi = \tan_2^{-1}\{(-c\omega)/[-(k-m\omega^2)]\}$ となり，ω が小さいときは $\phi = -\pi$ となるので不適当となる．

式(7.19)で ω がゼロから増大するとき，ϕ もゼロから増大する．ϕ がゼロから増大すれば $\sin\phi$ もゼロから増大するので，式(7.15)の複号 $\pm$ は $+$ とならなければならない．そこで，$\sin\phi$ と $\cos\phi$ は次のように決まる．

$0 < k - m\omega^2$ のとき：

$$\sin\phi = \frac{c\omega}{\sqrt{(c\omega)^2 + (k-m\omega^2)^2}},$$
$$\cos\phi = \frac{\sqrt{(k-m\omega^2)^2}}{\sqrt{(c\omega)^2 + (k-m\omega^2)^2}} = \frac{k-m\omega^2}{\sqrt{(c\omega)^2 + (k-m\omega^2)^2}} \tag{7.20}$$

$k - m\omega^2 < 0$ のとき：

$$\sin\phi = \frac{c\omega}{\sqrt{(c\omega)^2 + (k-m\omega^2)^2}},$$
$$\cos\phi = -\frac{\sqrt{(k-m\omega^2)^2}}{\sqrt{(c\omega)^2 + (k-m\omega^2)^2}} = -\frac{m\omega^2-k}{\sqrt{(c\omega)^2 + (k-m\omega^2)^2}}$$
$$= \frac{k-m\omega^2}{\sqrt{(c\omega)^2 + (k-m\omega^2)^2}} \tag{7.21}$$

$0 < k - m\omega^2$ のときは複号同順となり，$k - m\omega^2 < 0$ のときは複号逆順になる必要があるが，式(7.20)と式(7.21)は同じ形になっている．

式(7.11)に式(7.20)あるいは式(7.21)を代入すると次式となり，変位の振幅 X が次のように決まる．

$$(k-m\omega^2)X\frac{k-m\omega^2}{\sqrt{(c\omega)^2+(k-m\omega^2)^2}} + cX\omega\frac{c\omega}{\sqrt{(c\omega)^2+(k-m\omega^2)^2}} - F_0 = 0$$
$$\therefore\ X = \frac{F_0}{\sqrt{(c\omega)^2+(k-m\omega^2)^2}} \tag{7.22}$$

ここで，式(7.22)の X と式(7.19)の ϕ について，外力の角振動数 ω を変えてグラフを描いてみよう．運動方程式には変数として，質量 m，粘性減衰係数 c，ばね定数 k の3個の変数のみが入ってくるので，これらのパラメータが，X と ϕ の式に出てきている．これらのパラメータを用いて X と ϕ を求めたほうがよいのであるが，慣習的に式(5.33)で定義した次のパラメータに変換して計算する．

- 非減衰固有角振動数：$\omega_n = \sqrt{\dfrac{k}{m}}$
- 臨界減衰係数：$c_c = 2m\sqrt{\dfrac{k}{m}} = 2m\omega_n$
- 減衰比率：$\zeta = \dfrac{c}{c_c},\quad c = \zeta c_c = \zeta \times 2m\omega_n$

以上のパラメータを用いて X を表せば，次式を得る．

$$X = \frac{F_0}{\sqrt{(c\omega)^2 + (k - m\omega^2)^2}}$$
$$= \frac{F_0/k}{\sqrt{(1 - \omega^2 m/k)^2 + (c\omega/k)^2}} = \frac{F_0/k}{\sqrt{(1 - \omega^2/\omega_n^2)^2 + (c\omega/k)^2}}$$
$$= \frac{F_0/k}{\sqrt{(1 - \omega^2/\omega_n^2)^2 + (2m\zeta\omega_n\omega/k)^2}} = \frac{F_0/k}{\sqrt{(1 - \omega^2/\omega_n^2)^2 + (2\zeta\omega/\omega_n)^2}} \tag{7.23}$$

式 (7.23) において F_0/k は，外力の振幅の値の力 F_0 が図 7.1 の系にダッシュポットが効かない程度にゆっくりはたらいたときの変位である．これを

$$\frac{F_0}{k} = X_0 \tag{7.24}$$

と表せば，式 (7.23) は次式に変わる．

$$\frac{X}{X_0} = \frac{1}{\sqrt{(1 - \omega^2/\omega_n^2)^2 + (2\zeta\omega/\omega_n)^2}} \tag{7.25}$$

ここで，X/X_0 を振幅倍率という．ϕ については，次式のように変形できる．

$$\phi = \tan_2^{-1}\left[\frac{c\omega}{(k - m\omega^2)}\right] = \tan_2^{-1}\left[\frac{2\zeta m\omega_n\omega/k}{(1 - m\omega^2/k)}\right]$$
$$= \tan_2^{-1}\left[\frac{2\zeta\omega/\omega_n}{(1 - \omega^2/\omega_n^2)}\right] \tag{7.26}$$

式 (7.25) と式 (7.26) を ω/ω_n に対して数値計算すれば，図 7.3 と図 7.4 が得られる．

式 (7.6) の解は式 (7.23) の X を代入して，次のようになる．

$$x = \frac{F_0/k}{\sqrt{(1 - \omega^2/\omega_n^2)^2 + (2\zeta\omega/\omega_n)^2}} \sin(\omega t - \phi) \tag{7.27}$$

ここで，ϕ は式 (7.26) で与えられる．

図 7.3 より，図 7.1 の系に $F = F_0 \sin\omega t$ の外力がはたらくとき，振幅倍率 X/X_0

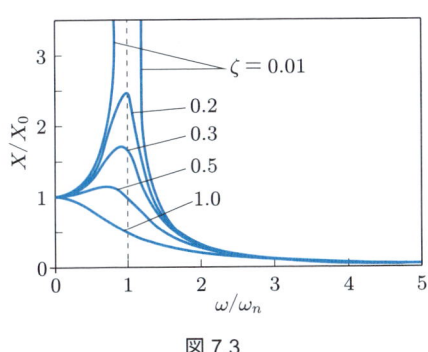

図 7.3

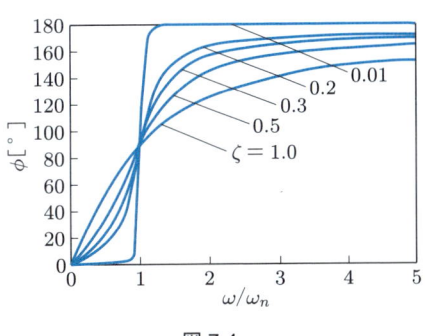

図 7.4

のピーク値は，ζ が大きくなるにつれて，より小さな ω/ω_n の値で発生する（ピーク値は左側に移動する）．また，ζ の値にかかわらず，ω/ω_n が増大するとき，X/X_0 の値はゼロに漸近する．

7.3 固有角振動数と機械の共振

1質点系に時刻 $t=0$ でのみ有限の外力，変位，速度などを与えた場合は，系は自由振動するので，物体は固有角振動数で振動する．もし，時刻 $t=0$ で変位や速度が与えられなければ，物体は静止を保つ．物体に調和振動形の外力や調和振動形の変位が与えられれば，物体の変位は式(7.27)あるいは類似の式で与えられる．図7.3からもわかるように，外力や変位が調和振動形の形で与えられる場合，角振動数 ω が系の固有角振動数 ω_n に一致するか，あるいは接近している場合は，物体の変位がきわめて大きくなることがわかる．すなわち，$\omega/\omega_n = 1$ の近くで X/X_0 の値は大きくなり，物体は激しく振動する．このような振動の様式を**共振**という．この観点から，系の固有角振動 ω_n を正確に見積もっておき，系にはたらく外力や変位の角振動数 ω が固有角振動数 ω_n に接近しないように配慮する必要がある．このため，系が自由振動するときの微分方程式を導いて，系の固有角振動数 ω_n を求めることが重要になるのである．

例題 7.2 図7.1の系が小減衰する場合 ($\zeta < 1.0$)，式(7.2)の一般解を求めよ．

解答 自由振動の小減衰 ($\zeta < 1.0$) の解である式(5.43)と式(7.27)を加えればよいので，次式を得る．

$$x = Xe^{-\zeta\omega_n t}\cos(\sqrt{1-\zeta^2}\omega_n t - \varphi) + \frac{F_0/k}{\sqrt{(1-\omega^2/\omega_n^2)^2 + (2\zeta\omega/\omega_n)^2}}\sin(\omega t - \phi) \quad (7.28)$$

ここで，X（式(7.6)の振幅ではなく，自由振動の振幅を示す）と φ は初期条件から決まり，ϕ は式(7.26)で与えられる．

例題 7.3 式(7.25)の振幅倍率 X/X_0 を最大とする外力の角振動数 ω を求め，このときの振幅倍率 X/X_0，および位相角 ϕ を求めよ．

解答 式(7.25)の分母が最小となる角振動数を求めればよい．すなわち，

$$G\left(\frac{\omega^2}{\omega_n^2}\right) = \left(1 - \frac{\omega^2}{\omega_n^2}\right)^2 + \left(2\zeta\frac{\omega}{\omega_n}\right)^2 \quad (7.29)$$

という関数 $G(\omega^2/\omega_n^2)$ を最小とする ω を求めればよい．$\omega^2/\omega_n^2 = Y$ と置き換えれば，次式になる．

$$G(Y) = (1-Y)^2 + 4\zeta^2 Y \tag{7.30}$$

$G(Y)$ は Y の 2 次関数であり，Y^2 の係数が正なので，微分係数を求めてゼロとすれば最小値をとる．このときの ω は次のように決まる．

$$\frac{\mathrm{d}}{\mathrm{d}Y}G(Y) = 2(1-Y)(-1) + 4\zeta^2 = -2 + 2Y + 4\zeta^2 = 0$$

$$Y = 1 - 2\zeta^2 \quad \therefore \frac{\omega^2}{\omega_n^2} = 1 - 2\zeta^2, \quad \omega = \sqrt{1-2\zeta^2}\,\omega_n \tag{7.31}$$

ただし，ω^2/ω_n^2 は正になるので，式(7.31)は次式を満たすときに成立する．

$$\frac{\omega^2}{\omega_n^2} = 1 - 2\zeta^2 \geq 0 \quad \therefore \zeta < \frac{1}{\sqrt{2}} = 0.70711 \tag{7.32}$$

最大となる振幅倍率 $X/X_0|_{\max}$ は，式(7.25)に式(7.31)を代入して，次のように求められる．

$$\left.\frac{X}{X_0}\right|_{\max} = \frac{1}{\sqrt{[1-(1-2\zeta^2)]^2 + 4\zeta^2(1-2\zeta^2)}}$$

$$= \frac{1}{\sqrt{4\zeta^4 + 4\zeta^2 - 8\zeta^4}} = \frac{1}{2\zeta\sqrt{1-\zeta^2}} \tag{7.33}$$

位相角 ϕ は式(7.26)で与えられるので，次のように決まる．

$$\phi = \tan_2^{-1}\left[\frac{2\zeta\omega/\omega_n}{(1-\omega^2/\omega_n^2)}\right] = \tan_2^{-1}\left\{\frac{2\zeta\sqrt{1-2\zeta^2}}{[1-(1-2\zeta^2)]}\right\}$$

$$= \tan_2^{-1}\left(\frac{\sqrt{1-2\zeta^2}}{\zeta}\right) \tag{7.34}$$

$1/\sqrt{2} < \zeta$ の場合は，ζ を次式で表す．

$$\zeta = \frac{1}{\sqrt{2}}(1+\varepsilon) \tag{7.35}$$

ここで，ε は正の値である．式(7.35)を式(7.29)に代入すれば次式となる．

$$G\left(\frac{\omega^2}{\omega_n^2}\right) = \left(1 - \frac{\omega^2}{\omega_n^2}\right)^2 + \left(2\zeta\frac{\omega}{\omega_n}\right)^2$$

$$= 1 - 2\frac{\omega^2}{\omega_n^2} + \left(\frac{\omega^2}{\omega_n^2}\right)^2 + 2(1+2\varepsilon+\varepsilon^2)\frac{\omega^2}{\omega_n^2}$$

$$= 1 + 2(\varepsilon+\varepsilon^2)\frac{\omega^2}{\omega_n^2} + \left(\frac{\omega^2}{\omega_n^2}\right)^2 \tag{7.36}$$

式(7.36)が最小になるときは，

$$\frac{\omega^2}{\omega_n^2} = 0 \tag{7.37}$$

の場合である．このとき，振幅倍率 X/X_0 と位相角 ϕ は次式となる．

$$\frac{X}{X_0} = 1.0 \tag{7.38}$$

$$\phi = \tan_2^{-1}\left(\frac{0}{1.0}\right) = 0 \tag{7.39}$$

7.4 振幅倍率と減衰比

図 7.1 に示すように，質量 m の物体が，ばね定数 k のばねと粘性減衰係数 c のダッシュポットを介して剛性天井に連結されている系を考える．実験を行って振幅倍率 X/X_0 を求めた場合，その系の減衰比を求めることができるので，ダッシュポットの粘性減衰係数を求めることができる．

横軸に ω/ω_n をとったときの振幅倍率 X/X_0 が，実験から図 7.5 のように得られたとする．ただし，ω は外力の角振動数であり，ω_n は系の非減衰固有角振動数である．振幅倍率 X/X_0 のピーク値は，例題 7.3 の式 (7.33) を再掲する．

$$\left.\frac{X}{X_0}\right|_{\max} = \frac{1}{2\zeta\sqrt{1-\zeta^2}} \tag{7.40}$$

図 7.5 の縦軸に $\left.X/X_0\right|_{\max}$ の $1/\sqrt{2}$ 倍の値の位置に黒点を打ち，横軸に平行線を引く．カーブと交差する 2 個の交点から，それぞれ垂線を横軸に下ろし，その位置の角振動数の小さいほうを ω_1/ω_n とし，大きいほうを ω_2/ω_n とすれば，次式が成立する．

$$2\zeta = \frac{\omega_2}{\omega_n} - \frac{\omega_1}{\omega_n} \tag{7.41}$$

式 (7.41) が成立することが証明できれば，系の減衰比 ζ とダッシュポットの粘性減衰係数 c は，次式で計算される．

$$\zeta = \frac{1}{2}\left(\frac{\omega_2}{\omega_n} - \frac{\omega_1}{\omega_n}\right) \tag{7.42}$$

$$c = \zeta c_c = \zeta \times 2m\sqrt{\frac{k}{m}} = 2\zeta\sqrt{mk} \tag{7.43}$$

さて，式 (7.41) を証明する．振幅倍率 X/X_0 は式 (7.25) で与えられる．この値が式 (7.40) で与えられる振幅倍率 X/X_0 の最大値である $1/(2\zeta\sqrt{1-\zeta^2})$ の $1/\sqrt{2}$ 倍になるとき，すなわち，X/X_0 が $1/(\sqrt{2} \times 2\zeta\sqrt{1-\zeta^2})$ となるときの ω/ω_n を求めて

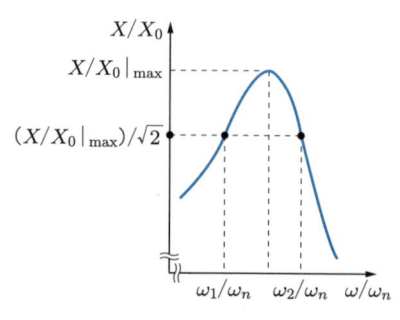

図 7.5

ω_1/ω_n と ω_2/ω_n を決めるように図 7.5 では指示されている．そこで，次式を解く．

$$\frac{X}{X_0} = \frac{1}{\sqrt{(1-\omega^2/\omega_n^2)^2 + (2\zeta\omega/\omega_n)^2}} = \frac{1}{\sqrt{2} \times 2\zeta\sqrt{1-\zeta^2}} \tag{7.44}$$

式 (7.44) で $\omega/\omega_n = Z$ とおけば，次式を得る．

$$(1-Z^2)^2 + (2\zeta Z)^2 = 8\zeta^2(1-\zeta^2)$$
$$1 - 2Z^2 + Z^4 + 4\zeta^2 Z^2 - 8\zeta^2 + 8\zeta^4 = 0$$
$$Z^4 - 2(1-2\zeta^2)Z^2 + 1 - 8\zeta^2 + 8\zeta^4 = 0$$
$$\therefore\ Z^2 = \frac{2(1-2\zeta^2) \pm \sqrt{[2(1-2\zeta^2)]^2 - 4(1-8\zeta^2+8\zeta^4)}}{2}$$
$$= (1-2\zeta^2) \pm 2\zeta\sqrt{1-\zeta^2} \tag{7.45}$$

ここで，小さな ε の値に対して，$\sqrt{1+\varepsilon}$ は次のように級数展開できる．

$$\sqrt{1+\varepsilon} = 1 + \frac{1}{2}(\varepsilon) - \frac{1}{8}(\varepsilon)^2 + \frac{1}{16}(\varepsilon)^3 \cdots \tag{7.46}$$

したがって，減衰比 ζ を小さいと仮定すれば，式 (7.45) の $\sqrt{1-\zeta^2}$ に式 (7.46) を適用して級数展開することで，次式を得る．

$$Z_1^2 = (1-2\zeta^2) - 2\zeta\sqrt{1-\zeta^2} = 1 - 2\zeta - 2\zeta^2 - \cdots \tag{7.47}$$
$$Z_2^2 = (1-2\zeta^2) + 2\zeta\sqrt{1-\zeta^2} = 1 + 2\zeta - 2\zeta^2 - \cdots \tag{7.48}$$

式 (7.47) と式 (7.48) から $Z_1 = \omega_1/\omega_n$，$Z_2 = \omega_2/\omega_n$ を計算して，再度式 (7.46) を適用すれば，次式を得る．

$$\frac{\omega_1}{\omega_n} = 1 - \zeta, \qquad \frac{\omega_2}{\omega_n} = 1 + \zeta \tag{7.49}$$

式 (7.49) の差を計算すれば次式となり，式 (7.41) は証明された．

$$\frac{\omega_2}{\omega_n} - \frac{\omega_1}{\omega_n} = 2\zeta \tag{7.50}$$

7.5 伝達率

図 7.6 に示すように，質量 m の物体が，ばね定数 k のばねと粘性減衰係数 c のダッシュポットを介して剛性天井に連結されている．この物体には，時間 $0 \leq t$ に対して下向きに $F = F_0 \sin\omega t$ の外力がはたらく．このときの運動方程式は式 (7.2) となるが，これを再掲して式 (7.51) とする．

$$m\ddot{x} + kx + c\dot{x} = F_0 \sin\omega t \tag{7.51}$$

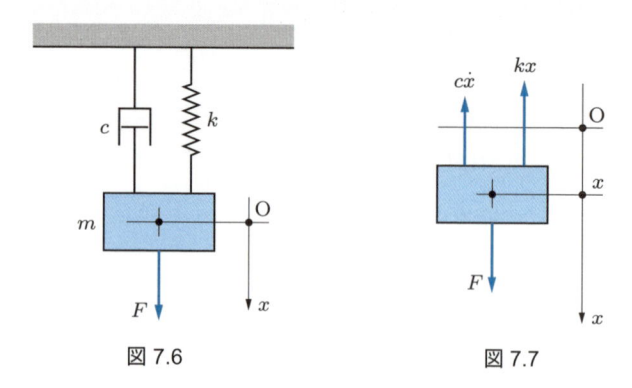

図 7.6   図 7.7

式(7.51)は，図 7.6 のように x 座標を採用し，x だけ変位させたとして導かれている．図 7.7 に示すように，ばねは kx の力で，ダッシュポットは $c\dot{x}$ の力で質点部分を引く．つまり，ばねとダッシュポットには引張力がはたらくので，天井は次式で与えられる F_c の力で引かれる．

$$F_c = kx + c\dot{x} \tag{7.52}$$

式(7.51)の特解は式(7.27)で与えられるが，この式を再掲して式(7.53)とする．

$$x = \frac{F_0/k}{\sqrt{(1-\omega^2/\omega_n^2)^2 + (2\zeta\omega/\omega_n)^2}} \sin(\omega t - \phi) \tag{7.53}$$

式(7.53)を微分すると

$$\dot{x} = \frac{F_0/k\omega}{\sqrt{(1-\omega^2/\omega_n^2)^2 + (2\zeta\omega/\omega_n)^2}} \cos(\omega t - \phi) \tag{7.54}$$

となるので，この式と式(7.53)を式(7.52)に代入して，次式を得る．

$$F_c = \frac{F_0}{\sqrt{(1-\omega^2/\omega_n^2)^2 + (2\zeta\omega/\omega_n)^2}} \sin(\omega t - \phi)$$
$$+ \frac{cF_0\omega/k}{\sqrt{(1-\omega^2/\omega_n^2)^2 + (2\zeta\omega/\omega_n)^2}} \cos(\omega t - \phi) \tag{7.55}$$

いま，式(7.55)を次式で表すことにする．

$$F_c = A\sin(\omega t - \phi) + B\cos(\omega t - \phi) \tag{7.56}$$

ここで，A, B は式(7.55)と式(7.56)を比較すると，次式のようになる．

$$\left. \begin{aligned} A &= \frac{F_0}{\sqrt{(1-\omega^2/\omega_n^2)^2 + (2\zeta\omega/\omega_n)^2}} \\ B &= \frac{cF_0\omega/k}{\sqrt{(1-\omega^2/\omega_n^2)^2 + (2\zeta\omega/\omega_n)^2}} \end{aligned} \right\} \tag{7.57}$$

さらに，式(7.56)の F_c を変形すると

7.5 伝達率

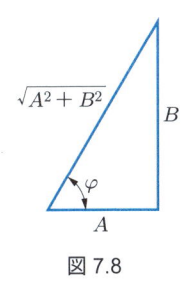

$$F_c = \sqrt{A^2+B^2}\left[\frac{A}{\sqrt{A^2+B^2}}\sin(\omega t-\phi) + \frac{B}{\sqrt{A^2+B^2}}\cos(\omega t-\phi)\right] \tag{7.58}$$

となり，図 7.8 に示す直角三角形から，次式が成立する．

$$\frac{A}{\sqrt{A^2+B^2}} = \cos\varphi, \quad \frac{B}{\sqrt{A^2+B^2}} = \sin\varphi, \quad \tan\varphi = \frac{B}{A} \tag{7.59}$$

式 (7.58) にこの式を適用して次式を得る．

$$\begin{aligned}F_c &= \sqrt{A^2+B^2}\left[\cos\varphi \sin(\omega t-\phi) + \sin\varphi \cos(\omega t-\phi)\right] \\ &= \sqrt{A^2+B^2}\sin(\omega t-\phi+\varphi)\end{aligned} \tag{7.60}$$

したがって，式 (7.60) に式 (7.57) の A, B の表示式を代入すれば，天井を引く力 F_c は，次のように求められる．

$$\begin{aligned}F_c &= F_0 \sqrt{\frac{1+(c\omega/k)^2}{(1-\omega^2/\omega_n^2)^2+(2\zeta\omega/\omega_n)^2}} \sin(\omega t-\phi+\varphi) \\ &= F_0 \sqrt{\frac{1+[2\zeta\omega_n\omega/(k/m)]^2}{(1-\omega^2/\omega_n^2)^2+(2\zeta\omega/\omega_n)^2}} \sin(\omega t-\phi+\varphi) \\ &= F_0 \sqrt{\frac{1+(2\zeta\omega/\omega_n)^2}{(1-\omega^2/\omega_n^2)^2+(2\zeta\omega/\omega_n)^2}} \sin(\omega t-\phi+\varphi)\end{aligned} \tag{7.61}$$

ただし，φ は式 (7.59) の三つ目の式から，次式で計算される．

$$\varphi = \tan_2^{-1}\left(\frac{cF_0\omega/k}{F_0}\right) = \tan_2^{-1}\left(\frac{c\omega}{k}\right) = \tan_2^{-1}\left(\frac{2\zeta\omega}{\omega_n}\right) \tag{7.62}$$

天井を引く力 F_c は，物体から考えれば天井が物体を引く力になり，その最大値 F_{TR} は，式 (7.61) の振幅で与えられる．この最大値を物体に直接加えられた外力 F の振幅 F_0 で割った値は **伝達率** R_{trans} といわれ，次式で与えられる．

$$R_{\mathrm{trans}} = \frac{F_{\mathrm{TR}}}{F_0} = \sqrt{\frac{1+(2\zeta\omega/\omega_n)^2}{(1-\omega^2/\omega_n^2)^2+(2\zeta\omega/\omega_n)^2}} \tag{7.63}$$

図 7.9

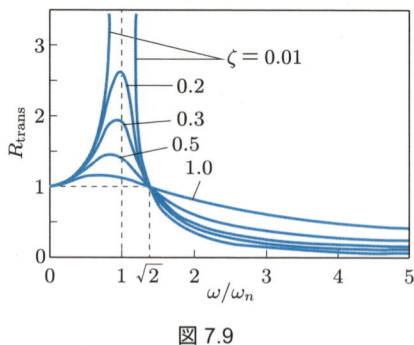

式(7.63)を計算して，横軸に ω/ω_n をとって縦軸に伝達率 R_{trans} を示せば，図 7.9 を得る．

式(7.63)と図 7.9 より，次のことがわかる．

① 伝達率 R_{trans} は $\omega/\omega_n = \sqrt{2}$ で 1 となり，$\sqrt{2} < \omega/\omega_n$ に対しては，ω/ω_n が増大するにつれて，R_{trans} は減少する．このとき，ζ の値が小さいほど伝達率はより小さくなる．

② $\omega/\omega_n < \sqrt{2}$ の振動数に対しては，$\sqrt{2} < \omega/\omega_n$ とは逆に，ζ の値が大きいほど伝達率はより小さくなる．

③ ζ が大きくなるにつれて，伝達率 R_{trans} のピーク値は，$\omega/\omega_n = 1.0$ の値よりもより小さな値で発生する(ピーク値は左に移動する)．

例題 7.4 伝達率 R_{trans} が 1.0 以下となるときの ω/ω_n の値を求めよ．

解答 題意より，次式が成立すればよい．
$$R_{\text{trans}} < 1.0 \tag{7.64}$$
式(7.64)を二乗して，次式を得る．
$$R_{\text{trans}}^2 < 1.0 \tag{7.65}$$
式(7.65)に式(7.63)を適用すれば，次式を得る．
$$\frac{1 + (2\zeta\omega/\omega_n)^2}{(1 - \omega^2/\omega_n^2)^2 + (2\zeta\omega/\omega_n)^2} < 1.0$$
$$1 + \left(2\zeta\frac{\omega}{\omega_n}\right)^2 < \left(1 - \frac{\omega^2}{\omega_n^2}\right)^2 + \left(2\zeta\frac{\omega}{\omega_n}\right)^2$$
$$1 < \left(1 - \frac{\omega^2}{\omega_n^2}\right)^2, \quad 0 < \frac{\omega^2}{\omega_n^2}\left(\frac{\omega^2}{\omega_n^2} - 2\right), \quad 0 < \frac{\omega^2}{\omega_n^2} - 2$$
$$\therefore \sqrt{2} < \frac{\omega}{\omega_n} \tag{7.66}$$

例題 7.5 図 7.10 に示すように，水平な床に置かれた質量 m の物体の左側には，粘性減衰係数 c のダッシュポットが取り付けられ，その左端は剛性壁に固定されている．物体の右側には，ばね定数 k のばねが取り付けられている．$0 \leq t$ の時刻において，ばねの右側に $X_0 \sin \omega t$ で変動する変位を与えたときの物体の変位と位相角を求めよ．

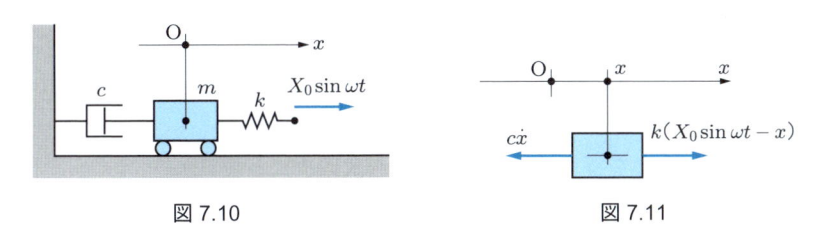

図 7.10

図 7.11

解答 図 7.10 に示すように x 座標を採用する．ばねの右端に変位 $X_0 \sin \omega t$ が与えられて，物体が図 7.11 に示すように x だけ変位し，$0 < \dot{x}$ であるとすれば，ダッシュポットから左方に加えられる力は $c\dot{x}$ となり，ばねから右方に加えられる力は $k(X_0 \sin \omega t - x)$ となる．慣性抵抗を含めて，次式を得る ($\dot{x} < 0$ の場合も同じ形の運動方程式を得る)．

$$-c\dot{x} + k(X_0 \sin \omega t - x) - m\ddot{x} = 0$$
$$\therefore\ m\ddot{x} + c\dot{x} + kx = kX_0 \sin \omega t \tag{7.67}$$

式 (7.67) の解は，7.2 節で述べたように基本解と特解から構成されるが，基本解は減衰するので特解のみに着目する．式 (7.67) と式 (7.2) を比較すれば，式 (7.2) で $F_0 \to kX_0$ の置き換えを行うことにより，7.2 節のすべての式は有効となる．すなわち，物体の変位 x と位相角 ϕ は，式 (7.27) と式 (7.26) を用いて次式で与えられる．

$$x = \frac{X_0}{\sqrt{(1 - \omega^2/\omega_n^2)^2 + (2\zeta\omega/\omega_n)^2}} \sin(\omega t - \phi)$$
$$\phi = \tan_2^{-1} \left[\frac{2\zeta\omega/\omega_n}{(1 - \omega^2/\omega_n^2)} \right] \tag{7.68}$$

7.6 非減衰強制振動

本章の 7.5 節までは，減衰系の強制振動を取り扱っているが，本節では減衰のない質点系の強制振動の解を求めてみる．

(1) 外力の角振動数が系の固有角振動数に一致しない場合

図 7.12 に示すように，質量 m の物体が右側の剛性壁に，ばね定数 k のばねを介して取り付けられている非減衰の 1 質点系を考える．質点には，次式で与えられる外力 $P(t)$ がはたらくとする．

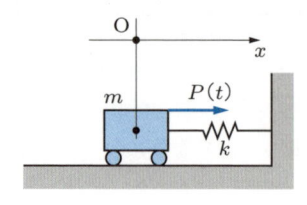

図 7.12

$$P(t) = P_0 \sin \omega t \tag{7.69}$$

図 7.12 のように x 座標を採用すれば，運動方程式は次式となる．

$$-m\ddot{x} - kx + P_0 \sin \omega t = 0 \quad \therefore \quad m\ddot{x} + kx = P_0 \sin \omega t \tag{7.70}$$

質点は $t=0$ で，変位も速度もゼロであるとすれば，次の初期条件が与えられる．

$$x = 0 \quad (t=0) \tag{7.71}$$

$$\dot{x} = 0 \quad (t=0) \tag{7.72}$$

質点が減衰系の場合は，自由振動の変位は時間が経てば減少して無視できるが，非減衰の場合は変位は減衰しないので，式 (7.70) の $P_0 \sin \omega t$ をゼロとした基本解も必要となる．そこで，式 (7.70) の解を次式で仮定する．

$$x = B \sin \omega t + C \sin \omega_n t \tag{7.73}$$

ここで，B, C は未定係数であり，$\omega_n = \sqrt{k/m}$ である．式 (7.73) の形を仮定すれば，すでに初期条件の式 (7.71) は満たされている．

式 (7.73) を時間で微分して，次式を得る．

$$\dot{x} = B\omega \cos \omega t + C\omega_n \cos \omega_n t \tag{7.74}$$

$$\ddot{x} = B(-\omega^2) \sin \omega t + C(-\omega_n^2) \sin \omega_n t \tag{7.75}$$

式 (7.73) と式 (7.75) を式 (7.70) に代入すると，

$$[B(-m\omega^2 + k) - P_0] \sin \omega t + C(-m\omega_n^2 + k) \sin \omega_n t = 0 \tag{7.76}$$

となる．式 (7.76) の $\sin \omega_n t$ の係数の $(-m\omega_n^2 + k)$ は $\omega_n = \sqrt{k/m}$ であるので，すでにゼロになっている．式 (7.76) の $\sin \omega t$ の係数がゼロでなければならないので，次式を得る．

$$B(-m\omega^2 + k) - P_0 = 0$$

$$\therefore \quad B = \frac{1}{(-m\omega^2 + k)} P_0 = \frac{P_0/k}{1 - \omega^2 m/k} = \frac{P_0/k}{1 - \omega^2/\omega_n^2} \tag{7.77}$$

式 (7.74) を初期条件の式である式 (7.72) に適用して，次式を得る．

$$0 = B\omega \times 1 + C\omega_n \times 1 \qquad \therefore\ C = -\frac{\omega}{\omega_n}B = -\frac{\omega}{\omega_n} \times \frac{P_0/k}{1-\omega^2/\omega_n^2} \quad (7.78)$$

未定係数 B, C が決まったので，変位 x は次式となる．

$$\begin{aligned}x &= \frac{P_0/k}{1-\omega^2/\omega_n^2}\sin\omega t - \frac{\omega}{\omega_n} \times \frac{P_0/k}{1-\omega^2/\omega_n^2}\sin\omega_n t \\ &= \frac{P_0/k}{1-\omega^2/\omega_n^2}\left(\sin\omega t - \frac{\omega}{\omega_n}\sin\omega_n t\right)\end{aligned} \quad (7.79)$$

（2）外力の角振動数が系の固有角振動数に一致する場合

式(7.79)からわかるように，$\omega = \omega_n = \sqrt{k/m}$ の場合は，x の分母と分子がゼロとなってしまうので x が求められない．$\omega = \omega_n$ の場合は，微分方程式の式(7.70)の解の形を式(7.73)とは異なる形を与えて解けばよい．本項ではこの解法をとらず，式(7.79)に**ロピタルの定理**を用いて解を求める．

式(7.79)の分母 $1 - \omega^2/\omega_n^2$ と分子 $\sin\omega t - (\omega/\omega_n)\sin\omega_n t$ を ω で微分すれば，次式を得る．

$$\frac{d}{d\omega}\left(1 - \frac{\omega^2}{\omega_n^2}\right) = \frac{-2}{\omega_n^2}\omega \quad (7.80)$$

$$\frac{d}{d\omega}\left(\sin\omega t - \frac{\omega}{\omega_n}\sin\omega_n t\right) = t\cos\omega t - \frac{1}{\omega_n}\sin\omega_n t \quad (7.81)$$

式(7.80)と(7.81)より，ロピタルの定理を適用すれば，$\omega = \omega_n$ に対する解は次のように求められる．

$$\begin{aligned}x &= \lim_{\omega \to \omega_n}\frac{P_0/k}{-2\omega/\omega_n^2}\left(t\cos\omega t - \frac{1}{\omega_n}\sin\omega_n t\right) \\ &= -\frac{P_0\omega_n}{2k}\left(t\cos\omega_n t - \frac{1}{\omega_n}\sin\omega_n t\right)\end{aligned} \quad (7.82)$$

式(7.82)から，$\omega = \omega_n$ の場合は，物体の変位 x は時間 t に比例して振動しながら増大することがわかる．

COLUMN ロピタルの定理

$f(x)$, $g(x)$ は，$x = a$ の近くで導関数が連続で，$f(a) = g(a) = 0$ とする．もし，$\lim_{x \to a}[f'(x)/g'(x)]$ が一定値 A に収束すれば，

$$\lim_{x \to a}\frac{f(x)}{g(x)} = A \quad (7.83)$$

である．また，a が $\pm\infty$ であって，$f(a) = g(a) = 0$ の代わりに $\lim_{x \to \pm\infty}f(x) = \lim_{x \to \pm\infty}g(x) = 0$ としても同じ結果が成り立つ．また，$A = \pm\infty$ でもよい．

練習問題

7.1 図 7.1 の系に対して物体に外力 $F = F_0 \sin \omega t$ を与えて実験を行い，振幅倍率 X/X_0 を求めたら，図 7.13 に示すグラフが得られた．X/X_0 のピーク値 $X/X_0|_{\max}$ は 2.20 であり，$X/X_0 = 2.2/\sqrt{2} = 1.56$ で横軸に平行線を引いたら，この平行線はグラフと $\omega/\omega_n = 0.75$ と $\omega/\omega_n = 1.22$ で交差した．この系の減衰比 ζ を求めよ．

7.2 図 7.14 に示すように，質量 m の物体の左側にばね定数 k のばねを取り付け，ばねの左端を剛性壁に固定する．物体の右側には，粘性減衰系 c のダッシュポットを取り付け，ダッシュポットの右端に $0 \leq t$ に対して $X_0 \sin \omega t$ の変位を与える．物体の運動方程式を求めよ．ただし，物体と床との摩擦力を無視する．

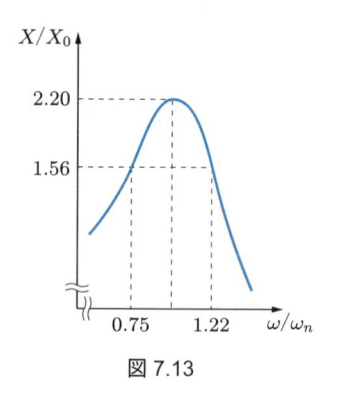

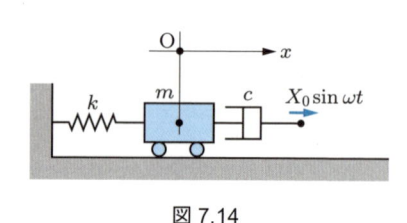

図 7.13

図 7.14

第8章 基礎部の振動による強制振動

　物体が取り付けられている基礎部 (床や天井など) が動いた場合も，物体は振動する．本章では，基礎部の振動による物体の振動について述べる．また，振動する機械に取り付けられた機器の振動挙動についても解説する．ここで述べる解析は，地震時の建物の振動にも適用できる．8.2 節の地震計の原理についての解説は難しいように思われるかもしれないが，特殊な場合に対して成立する仮定が取り込まれて数式展開されているだけである．

8.1 質点系の取り付け部の振動

　機器が取り付けられる基礎部(これまでは，床，壁，天井といってきた)が振動するとき，取り付けられた機器の振動はどうなるのであろうか．たとえば，エンジンの近くに取り付けられる機器の場合は，取り付け部はエンジンの振動によって動く．蒸気タービンやジェットエンジンなどの回転体は，静かに回転しているので基礎部に変位を与えないように思われるかもしれない．しかし，蒸気タービンやジェットエンジンは一定の角速度で回転するので遠心力が発生し，これらの近くに取り付けられた機器には調和振動変位が与えられる．第 7 章では，物体が連結されている床，壁，天井は動かないと仮定されたが，本章では，物体が取り付けられている床や壁が調和振動的に動く場合の物体の変位を求める．

　図 8.1(a) に示すように，質量 m の物体が，ばね定数 k のばねと粘性減衰係数 c のダッシュポットで剛性床に連結されているとする．以下では，この系の床が揺れたと

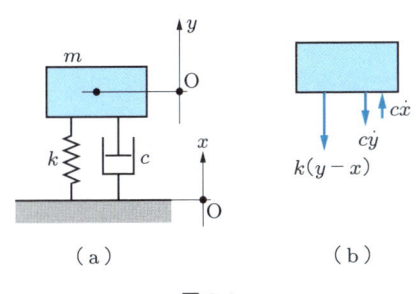

図 8.1

きの質点の変位を求めてみる．

図 8.1 のように x, y 座標を採用する．床が $0 \leq t$ の時間に対して，次式で動いたと仮定する．

$$x = X \sin \omega t \tag{8.1}$$

物体が上方に y だけ変位し，床が上方に x だけ変位したとすれば，ばねの伸びは $y - x$ となるので，図 8.1(b) に示すように物体は $k(y - x)$ の力で下方に引かれる．また，$0 < \dot{y}$ である場合を考えれば，ダッシュポットによって，物体は $c\dot{y}$ の力で下方に引かれる．さらに，$0 < \dot{x}$ である場合を考えれば，ダッシュポットによって，物体は $c\dot{x}$ の力で上方に押される．そこで，物体の運動方程式は次式となる．

$$-m\ddot{y} - k(y - x) - c\dot{y} + c\dot{x} = 0$$
$$\therefore \quad m\ddot{y} + k(y - x) + c(\dot{y} - \dot{x}) = 0 \tag{8.2}$$

5.3 節で述べたように，$\dot{x}$ と $\dot{y}$ の正負にかかわらず，図 8.1 の系に対しては，運動方程式は式 (8.2) と同じ形で与えられる．

式 (8.2) に式 (8.1) を代入すれば，y についての微分方程式が得られる．しかし，相対変位 $z = y - x$ で式 (8.2) を表すと，少し形がきれいな式になる．式 (8.2) の左辺から $m\ddot{x}$ を引いて $m\ddot{x}$ を足せば，次式となる．

$$m(\ddot{y} - \ddot{x}) + m\ddot{x} + k(y - x) + c(\dot{y} - \dot{x}) = 0$$
$$\therefore \quad m\ddot{z} + kz + c\dot{z} = -m\ddot{x} \tag{8.3}$$

式 (8.3) に式 (8.1) を適用して，次式を得る．

$$m\ddot{z} + kz + c\dot{z} = mX\omega^2 \sin \omega t \tag{8.4}$$

8.2　運動方程式の解

式 (7.4b) の微分方程式を再掲して，式 (8.5) とする．

$$m\ddot{x} + kx + c\dot{x} = F_0 \sin \omega t \tag{8.5}$$

式 (7.4b) の解である式 (7.27) を再掲して，式 (8.6) とする．

$$x = \frac{F_0/k}{\sqrt{(1 - \omega^2/\omega_n^2)^2 + (2\zeta\omega/\omega_n)^2}} \sin(\omega t - \phi) \tag{8.6}$$

ここで，ϕ は式 (7.26) で与えられる．この式を再掲して，式 (8.7) とする．

$$\phi = \tan_2^{-1}\left[\frac{2\zeta\omega/\omega_n}{(1 - \omega^2/\omega_n^2)}\right] = \tan_2^{-1}\left\{\frac{2\zeta\omega/\omega_n}{(\omega^2/\omega_n^2)[1/(\omega^2/\omega_n^2) - 1]}\right\}$$

$$= \tan_2^{-1}\left\{\frac{2\zeta}{(\omega/\omega_n)[1/(\omega^2/\omega_n^2)-1]}\right\} \quad (8.7)$$

式(8.4)と式(8.5)を比較して，$F_0 = mX\omega^2$ とすれば，式(8.6)の x を z としてよいので次式を得る．

$$z = \frac{X\omega^2/\omega_n^2}{\sqrt{(1-\omega^2/\omega_n^2)^2 + (2\zeta\omega/\omega_n)^2}}\sin(\omega t - \phi) = Z\sin(\omega t - \phi) \quad (8.8)$$

Z は式(8.8)の最初の等式の係数を置き換えたものであり，相対変位 z の振幅となる．ϕ は式(8.7)で与えられる．式(8.8)から Z/X を求めれば，次式となる．

$$\begin{aligned}\frac{Z}{X} &= \frac{\omega^2/\omega_n^2}{\sqrt{(1-\omega^2/\omega_n^2)^2 + (2\zeta\omega/\omega_n)^2}} \\ &= \frac{\omega^2/\omega_n^2}{\sqrt{(\omega^2/\omega_n^2)^2 - 2\omega^2/\omega_n^2 + 1 + 4\zeta^2(\omega/\omega_n)^2}} \\ &= \frac{1}{\sqrt{1 + \dfrac{4\zeta^2 - 2}{(\omega/\omega_n)^2} + \dfrac{1}{(\omega/\omega_n)^4}}}\end{aligned} \quad (8.9)$$

（1）地震計（変位計）の原理

式(8.9)の最後の表示式から，ω/ω_n が大きな値をもつとき，Z/X は次のように 1.0 に接近することがわかる．

$$Z/X \to 1.0 \quad \therefore \quad Z \to X \quad (8.10)$$

このとき，式(8.7)は次式に変わる．

$$\phi = \tan_2^{-1}\left(\frac{2\zeta\omega/\omega_n}{1-\omega^2/\omega_n^2}\right) \approx \tan_2^{-1}\left(\frac{2\zeta}{-\omega/\omega_n}\right) \quad (8.11\text{a})$$

$$\therefore \quad \phi \approx \pi \quad (8.11\text{b})$$

式(8.11a)において分母の $-\omega/\omega_n$ は負の大きな値になり，分子の 2ζ は正の値になるので，図 2.6 からわかるように $\phi \approx \pi$ が得られる．相対変位 $z = y - x$ の振幅 Z が床の変位 x の振幅 X に接近するときは，物体の変位 y の振幅が小さくなることを示す．$\omega_n = \sqrt{k/m}$ なので，k を小さくして m を大きくしておけば ω_n が小さくなり，ω の値にもよるが ω/ω_n は大きくなる．すなわち，Z/X は 1.0 に接近する．

図 8.2 に示すように，目盛りのついている定規を床から垂直に立てておき，物体からは針を水平に目盛りの側に伸ばす．静止の位置に目盛りのゼロ点をとっておけば，針の変位は相対変位 $y - x$ を示す．k を小さくして m を大きくしておけば，$\omega_n = \sqrt{k/m}$ の値は小さくなるので，ω/ω_n は大きくなる．小さな k の値をもち，大きな m の値を

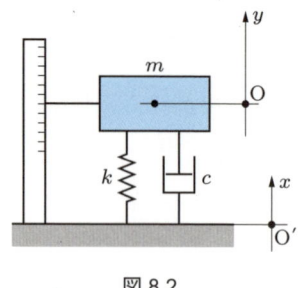

図 8.2

もつ図 8.1 の系をつくれば，$y-x$ の振幅，すなわち $z=y-x$ の振幅は床の振幅に接近する．図 8.2 の針の変位を記録紙に描くようにすれば，床の変位と同じになるので床の変位を描く．これが地盤の変位を測定する地震計(変位計)の原理である．

(2) 地震計(加速度計)の原理

ω/ω_n が小さいときは，式(8.9)の一つ目の式から次式を得る．

$$\frac{Z}{X} = \frac{\omega^2/\omega_n^2}{\sqrt{(1-\omega^2/\omega_n^2)^2 + (2\zeta\omega/\omega_n)^2}} \approx \frac{\omega^2}{\omega_n^2}$$
$$\therefore \omega_n^2 Z \approx \omega^2 X \tag{8.12}$$

式(8.1)を時間で微分して基礎部の加速度を求めると，次式を得る．

$$\ddot{x} = -X\omega^2 \sin\omega t = -\omega^2 x \tag{8.13}$$

式(8.8)を微分して，次式を得る．

$$\ddot{z} = -\omega^2 Z \sin(\omega t - \phi) \tag{8.14}$$

式(8.13)に式(8.1)，(8.12)を適用して，次式を得る．

$$\ddot{x} = -\omega^2 x = -X\omega^2 \sin\omega t = -\omega_n^2 Z \sin\omega t \tag{8.15}$$

式(8.15)より，$-\omega_n^2 Z$ は床(基礎部)の加速度の振幅 $-X\omega^2$ になっていることがわかる．$\omega_n = \sqrt{k/m}$ なので，k を大きくして m を小さくしておけば，ω_n が大きくなり ω/ω_n は小さくなる．ω/ω_n が小さいときは，図 8.2 の針が与える相対変位 $z=y-x$ の加速度の振幅 $-\omega_n^2 Z$ から，床の加速度 $\ddot{x}$ の振幅 $-X\omega^2$ が次式で求められる．

$$\text{床の加速度の振幅} = -X\omega^2 = -\omega_n^2 Z \tag{8.16}$$

相対変位の振幅 Z は，針の変位を記録紙に描くようにすれば計測できる．また，$\omega_n = \sqrt{k/m}$ は機器の固有角振動数だから計算できる．すなわち，$-\omega_n^2 Z$ の値は実測から Z がわかれば求められるので，床の加速度 $\ddot{x}$ の振幅 $-X\omega^2$ がわかる．これが地

盤の加速度を測定する地震計の原理である．また，高次の微小量 ω^2/ω_n^2 は 1 に比べて小さく無視できるので，式 (8.7) は次式に変わる．

$$\phi = \tan_2^{-1}\left[\frac{2\zeta\omega/\omega_n}{(1-\omega^2/\omega_n^2)}\right] \approx \tan_2^{-1}\left(\frac{2\zeta\omega/\omega_n}{1}\right)$$
$$\therefore \quad \phi \approx 0 \tag{8.17}$$

式 (8.9) の Z/X を横軸に ω/ω_n をとって示せば，図 8.3 を得る．

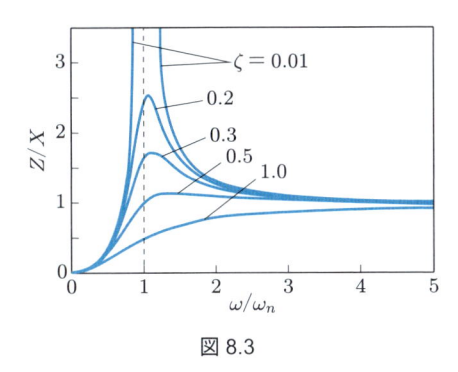

図 8.3

図 8.1(a) の系の床が $x = X\sin\omega t$ で振動するとき，Z/X の値のピーク値は，ζ の値が大きくなるにつれて，$\omega/\omega_n = 1.0$ よりも大きな ω/ω_n の値で発生する（ピーク値は右側に移動する）．また，ω/ω_n が増大するとき，Z/X の値は 1.0 に漸近する．$\zeta = 0.2$ のとき，Z/X のピーク値は，$\omega/\omega_n = 1.0$ よりわずかに大きな ω/ω_n の値で発生し，その値は約 2.5 になる．

8.3 走行車両の変位

図 8.4 に示すように，質量 m の自動車がばね定数 k のばねと粘性減衰係数 c のダッシュポットで支えられていると仮定する．この自動車が凹凸のある道路を速さ v で右側に走行するときの上下振動を調べてみる．ここで，道路の凹凸の山から山まで（谷から谷まで）の距離を l とする．

路面の凹凸の山から谷までの上下の距離を $2a$ とすれば，自動車のタイヤが受ける変位 u は，次式で与えられる．

$$u = a\sin\left(\frac{2\pi}{l}vt\right) = a\sin\omega t \tag{8.18}$$

ここで，ω は次式となる．

$$\omega = \frac{2\pi v}{l} \tag{8.19}$$

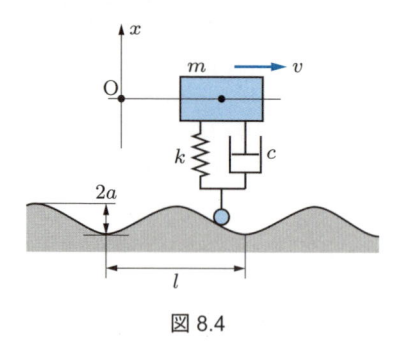

第 8 章 基礎部の振動による強制振動

図 8.4

　自動車が $t=0$ とき，山と谷の中間点を通過するものとし，この位置に原点をもち，上に向かう x 座標を図 8.4 に示すように採用する．時刻 $t=t$ のとき，自動車の変位は x であったとすれば，ばねの伸びは $x-u$ で与えられるので，自動車は下側に $k(x-u)$ の力で引かれる．また，ダッシュポットのピストンが，シリンダー部分を基準として上側に向かう相対速さは $\dot{x}-\dot{u}$ となるので，自動車はダッシュポットによって下側に $c(\dot{x}-\dot{u})$ の力で引かれる．そこで，運動方程式は次式で与えられる．

$$-m\ddot{x} - k(x-u) - c(\dot{x}-\dot{u}) = 0 \tag{8.20}$$

式 (8.20) に式 (8.18) を適用して，次式を得る．

$$-m\ddot{x} - kx + ku - c\dot{x} + c\dot{u} = 0, \quad m\ddot{x} + c\dot{x} + kx = +ku + c\dot{u}$$

$$\therefore \quad m\ddot{x} + c\dot{x} + kx = ka\sin\omega t + c\omega a\cos\omega t \tag{8.21}$$

ここで，式 (8.21) の特解を次の形で仮定する．

$$x = A\sin\omega t + B\cos\omega t \tag{8.22}$$

式 (8.22) の微分式をつくると，

$$\dot{x} = A\omega\cos\omega t - B\omega\sin\omega t, \quad \ddot{x} = -A\omega^2\sin\omega t - B\omega^2\cos\omega t \tag{8.23}$$

となるので，式 (8.22) と式 (8.23) を式 (8.21) に代入して，次式を得る．

$$\sin\omega t\bigl(-Am\omega^2 - Bc\omega + kA\bigr) + \cos\omega t\bigl(-Bm\omega^2 + Ac\omega + Bk\bigr)$$
$$= ka\sin\omega t + c\omega a\cos\omega t \tag{8.24}$$

式 (8.24) が成立するためには，次式を満たす必要がある．

$$\begin{aligned} A(k-m\omega^2) - Bc\omega &= ka \\ Ac\omega + B(k-m\omega^2) &= c\omega a \end{aligned} \tag{8.25}$$

式 (8.25) の未定係数 A, B を**クラメールの公式**（本節の末尾に説明されている）を用いて解けば，次式となる．

$$A = \begin{vmatrix} ka & -c\omega \\ c\omega a & k-m\omega^2 \end{vmatrix} \Big/ \begin{vmatrix} k-m\omega^2 & -c\omega \\ c\omega & k-m\omega^2 \end{vmatrix}$$

$$= \frac{ka(k-m\omega^2) + a(c\omega)^2}{(k-m\omega^2)^2 + (c\omega)^2}$$

$$B = \begin{vmatrix} k-m\omega^2 & ka \\ c\omega & c\omega a \end{vmatrix} \Big/ \begin{vmatrix} k-m\omega^2 & -c\omega \\ c\omega & k-m\omega^2 \end{vmatrix}$$

$$= \frac{(k-m\omega^2)c\omega a - kac\omega}{(k-m\omega^2)^2 + (c\omega)^2} \tag{8.26}$$

式 (8.26) を式 (8.22) に戻して，次式を得る．

$$x = \frac{k(k-m\omega^2) + (c\omega)^2}{(k-m\omega^2)^2 + (c\omega)^2} a \sin\omega t + \frac{(k-m\omega^2)c\omega - kc\omega}{(k-m\omega^2)^2 + (c\omega)^2} a \cos\omega t \tag{8.27}$$

式 (8.27) を変形して単独の三角関数で表すため，次のように置き換える．

$$x = D \sin\omega t + C \cos\omega t \tag{8.28}$$

ここで，

$$D = \frac{k(k-m\omega^2) + (c\omega)^2}{(k-m\omega^2)^2 + (c\omega)^2} a, \qquad C = \frac{-mc\omega^3}{(k-m\omega^2)^2 + (c\omega)^2} a \tag{8.29}$$

となる．式 (8.28) を次式のように変形する．

$$x = \sqrt{C^2 + D^2} \left(\frac{D}{\sqrt{C^2 + D^2}} \sin\omega t + \frac{C}{\sqrt{C^2 + D^2}} \cos\omega t \right) \tag{8.30}$$

ここで，図 8.5 の円を描けば，次式が成立する (図 8.5 の x, y は三角関数を定義するために用いたものであり，図 8.4 の x とは無関係である)．

$$\cos\varphi = \frac{C}{\sqrt{C^2 + D^2}}, \qquad \sin\varphi = \frac{D}{\sqrt{C^2 + D^2}} \tag{8.31}$$

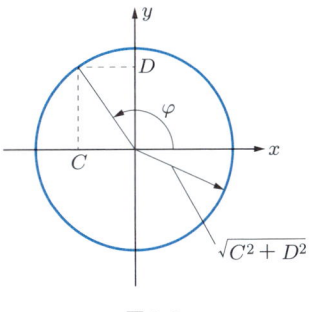

図 8.5

また，φ は図 8.5 の円から次式で与えられる．
$$\tan\varphi = \frac{D}{C}, \quad \varphi = \tan_2^{-1}\left(\frac{D}{C}\right) \tag{8.32}$$

式 (8.30) に式 (8.31) を用いれば，
$$x = \sqrt{C^2 + D^2}\left(\sin\varphi\sin\omega t + \cos\varphi\cos\omega t\right)$$
$$= \sqrt{C^2 + D^2}\cos(\omega t - \varphi) \tag{8.33}$$

となるので，この式に式 (8.29) を代入して，次式を得る．
$$x = \sqrt{\frac{[k(k-m\omega^2)+(c\omega)^2]^2}{[(k-m\omega^2)^2+(c\omega)^2]^2} + \frac{(-mc\omega^3)^2}{[(k-m\omega^2)^2+(c\omega)^2]^2}}\, a\cos(\omega t - \varphi)$$
$$= \frac{1}{(k-m\omega^2)^2 + (c\omega)^2}\sqrt{[k(k-m\omega^2)+(c\omega)^2]^2 + (-mc\omega^3)^2}$$
$$\times a\cos(\omega t - \varphi) \tag{8.34}$$

また，式 (8.32) に式 (8.29) を代入して，次式を得る．
$$\varphi = \tan_2^{-1}\left(\frac{D}{C}\right) = \tan_2^{-1}\left[\frac{k(k-m\omega^2)+(c\omega)^2}{-mc\omega^3}\right] \tag{8.35}$$

式 (8.34) と式 (8.35) で自動車の変位 x は求められたので，解析は終了した．しかし，より簡単な形にするために，式 (8.34) を少し変形してみよう．式 (8.34) の分子のルートだけを次のように変形していく．

$$\sqrt{[k(k-m\omega^2)+(c\omega)^2]^2 + (-mc\omega^3)^2}$$
$$= \sqrt{k^2(k-m\omega^2)^2 + 2k(k-m\omega^2)(c\omega)^2 + (c\omega)^4 + m^2c^2\omega^6}$$
$$= \sqrt{(c\omega)^4 + (c\omega)^2[2k(k-m\omega^2) + m^2\omega^4] + k^2(k-m\omega^2)^2}$$
$$= \sqrt{(c\omega)^4 + (c\omega)^2[m^2\omega^4 + 2k^2 - 2km\omega^2] + k^2(k-m\omega^2)^2}$$
$$= \sqrt{(c\omega)^4 + (c\omega)^2[(m\omega^2-k)^2 + k^2] + k^2(k-m\omega^2)^2}$$
$$= \sqrt{[(c\omega)^2 + k^2][(c\omega)^2 + (k-m\omega^2)^2]} \tag{8.36}$$

式 (8.36) を式 (8.34) に代入して，次式を得る．
$$x = \frac{1}{(k-m\omega^2)^2 + (c\omega)^2}\sqrt{[(c\omega)^2 + k^2][(c\omega)^2 + (k-m\omega^2)^2]} \times a\cos(\omega t - \varphi)$$
$$= \frac{1}{\sqrt{(k-m\omega^2)^2 + (c\omega)^2}}\sqrt{(c\omega)^2 + k^2} \times a\cos(\omega t - \varphi) \tag{8.37}$$

注意：式 (8.36) の最後の 2 行の変形のための参考：$x^2 + x(a+b) + ab = (x+a)(x+b)$

> **COLUMN**　クラメール (Cramer) の公式

　機械力学では，質点の数が 10 個になれば 10 元，あるいはもっと多くの元の連立方程式を解く必要がある．連立方程式の元の数によらず，連立方程式を解くとき，クラメールの公式を用いれば比較的楽に計算できる．何元の連立方程式でも解法は同じなので，ここでは次式で与えられる 5 元連立 1 次方程式を考えて解を与える．

$$\begin{aligned}
a_{11}x_1 + a_{12}x_2 + a_{13}x_3 + a_{14}x_4 + a_{15}x_5 &= b_1 \\
a_{21}x_1 + a_{22}x_2 + a_{23}x_3 + a_{24}x_4 + a_{25}x_5 &= b_2 \\
a_{31}x_1 + a_{32}x_2 + a_{33}x_3 + a_{34}x_4 + a_{35}x_5 &= b_3 \\
a_{41}x_1 + a_{42}x_2 + a_{43}x_3 + a_{44}x_4 + a_{45}x_5 &= b_4 \\
a_{51}x_1 + a_{52}x_2 + a_{53}x_3 + a_{54}x_4 + a_{55}x_5 &= b_5
\end{aligned} \tag{8.38}$$

ここで，a_{ij} と b_i は既知の係数であり，x_i は求める解になる．式(8.38)の解をクラメールの公式を用いて求めるために，式(8.38)を次のように行列で表す．

$$\begin{vmatrix} a_{11} & a_{12} & a_{13} & a_{14} & a_{15} \\ a_{21} & a_{22} & a_{23} & a_{24} & a_{25} \\ a_{31} & a_{32} & a_{33} & a_{34} & a_{35} \\ a_{41} & a_{42} & a_{43} & a_{44} & a_{45} \\ a_{51} & a_{52} & a_{53} & a_{54} & a_{55} \end{vmatrix} \begin{vmatrix} x_1 \\ x_2 \\ x_3 \\ x_4 \\ x_5 \end{vmatrix} = \begin{vmatrix} b_1 \\ b_2 \\ b_3 \\ b_4 \\ b_5 \end{vmatrix} \tag{8.39}$$

　例として，x_2 をクラメールの公式を用いて求めれば次式となる．

$$x_2 = \begin{vmatrix} a_{11} & b_1 & a_{13} & a_{14} & a_{15} \\ a_{21} & b_2 & a_{23} & a_{24} & a_{25} \\ a_{31} & b_3 & a_{33} & a_{34} & a_{35} \\ a_{41} & b_4 & a_{43} & a_{44} & a_{45} \\ a_{51} & b_5 & a_{53} & a_{54} & a_{55} \end{vmatrix} / \Delta \tag{8.40}$$

ここで，Δ は式(8.39)の係数行列式で次式となる．

$$\Delta = \begin{vmatrix} a_{11} & a_{12} & a_{13} & a_{14} & a_{15} \\ a_{21} & a_{22} & a_{23} & a_{24} & a_{25} \\ a_{31} & a_{32} & a_{33} & a_{34} & a_{35} \\ a_{41} & a_{42} & a_{43} & a_{44} & a_{45} \\ a_{51} & a_{52} & a_{53} & a_{54} & a_{55} \end{vmatrix} \tag{8.41}$$

式(8.40)と式(8.41)の行列式は約束事に従って，淡々と計算すればよい．2 行 2 列と 3 行 3 列の行列式の計算は次式となる．

$$\begin{vmatrix} a_{11} & a_{12} \\ a_{21} & a_{22} \end{vmatrix} = a_{11}a_{22} - a_{12}a_{21} \tag{8.42}$$

$$\begin{vmatrix} a_{11} & a_{12} & a_{13} \\ a_{21} & a_{22} & a_{23} \\ a_{31} & a_{32} & a_{33} \end{vmatrix} = a_{11}a_{22}a_{33} + a_{21}a_{32}a_{13} + a_{31}a_{12}a_{23}$$
$$- a_{11}a_{32}a_{23} - a_{12}a_{21}a_{33} - a_{13}a_{22}a_{31} \qquad (8.43)$$

4 行 4 列以上になった場合は，余因子で展開して計算しなければならないのでミスがないように注意する．コンピュータは間違わないので，数式の提示が目的でない場合は，行列式はコンピュータに準備されているサブルーチンプログラムを用いて計算したほうがよい．もう少し厳しくいえば，4 元以上の連立 1 次方程式を手計算で行ってはいけない．さらに厳しくいえば，3 元連立 1 次方程式も手計算で計算することを避けるべきである．

8.4 地盤の水平動による建物の振動

図 8.6(a) に示す 2 階建ての建物の 2 階部分の質量が m であり，1 階部分のせん断ばね定数が k_s となるとき，この建物を図 8.6(b) の 1 質点系モデルで置き換える．せん断ばねは，図 8.7 に示すように，横方向にばねを寝かせて描くのが普通であるが，ここでは縦方向にばねを描く．地盤が地震で水平方向に揺れたときの 2 階部分の変位を求めてみる．

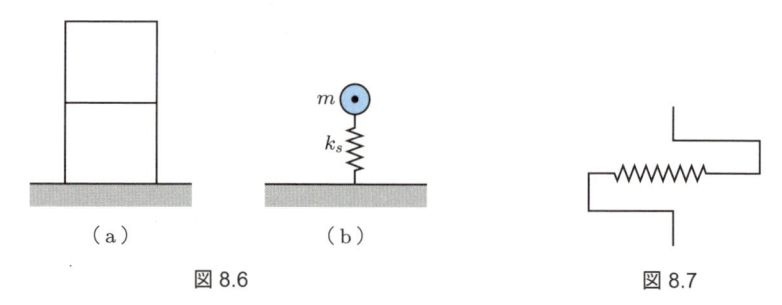

（a）　　　　　（b）

図 8.6　　　　　　　　　　　　　図 8.7

図 8.8 に示すように x, y 座標を採用する．図 8.8 に示すように，物体が x だけ変位して，地盤が y だけ変位したとすれば，物体はせん断ばねによって左方に $k_s(x-y)$ の力で引かれる．そこで，物体の運動方程式は次式で与えられる．

$$-m\frac{d^2 x}{dt^2} - k_s(x-y) = 0 \quad \therefore \quad m\frac{d^2 x}{dt^2} + k_s x = k_s y \qquad (8.44)$$

いま，地盤は横方向に調和振動的に動くと仮定すれば，

$$y = y_0 \sin \omega t \qquad (8.45)$$

となる．ここで，y_0 は地盤の振動の振幅である．式 (8.45) を式 (8.44) に代入して，次式を得る．

図 8.8

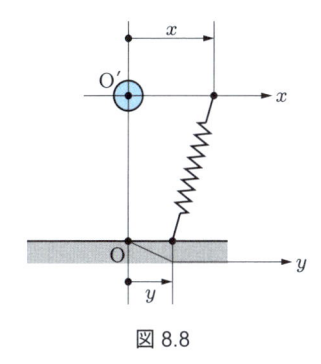

$$m\frac{\mathrm{d}^2 x}{\mathrm{d}t^2} + k_s x = k_s y_0 \sin \omega t \tag{8.46}$$

式 (8.46) の解は，すでに 7.6 節で解かれている．ただし，質点は $t=0$ で変位も速度もゼロであるとすると，次の条件が与えられる．

$$x = 0 \quad (t = 0) \tag{8.47}$$
$$\dot{x} = 0 \quad (t = 0) \tag{8.48}$$

式 (7.70) と式 (8.46) を比較して，$k \to k_s$，$P_0 \to k_s y_0$，$\omega_n = \sqrt{k_s/m}$ と置き換えれば，図 8.8 の変位 x は，式 (7.79) を流用して次式となる．

$$x = \frac{y_0}{1 - \omega^2/\omega_n^2} \left(\sin \omega t - \frac{\omega}{\omega_n} \sin \omega_n t \right) \tag{8.49}$$

実際に地盤の変位が式 (8.45) で与えられることはないが，ある時間の範囲において，式 (8.47) と式 (8.48) を満たしながら $y = y_0 \sin \omega t$ の形で水平に動くときは，その時間範囲では，変位は式 (8.49) で与えられる．

練習問題

8.1 図 8.1 の系の特解の変位は 8.2 節で与えられている．この解を用いて，ダッシュポットの粘性減衰係数 c がゼロとなる特解を求めよ．

8.2 地震時に揺れた建物も，時間が経てば揺れが収まる．これは，揺れによる運動エネルギーを建物自体の部材が変形に抵抗することによって熱エネルギーに変えるからである．建物にはダッシュポットを取り付けていなくても，あたかもダッシュポットが付けられているような挙動を示す．このため，地震時の建物の揺れは，得られた運動方程式の特解で表してよい．

練習問題 8.1 の結果を用いて，建物の揺れを少なくする方法を考えよ．

第9章 2自由度の自由振動と強制振動

　少し複雑な機械をモデル化するとき，1質点系で置き換えるよりも2質点系で置き換えたほうが適当となる場合がある．この場合，2個の座標を採用することになるので，2自由度になる．2自由度の自由振動には，1自由度の場合では現れない特性が発生するが，難しくはない(難しそうに見えるだけである)．2自由度の強制振動の問題は機械的に解けるので，自由振動よりも簡単になる．また，はりに2個の物体が接着されている場合も2自由度の振動となり，運動方程式の導き方がやや特殊となるが，難しくはない．地震時の超高層ビルの揺れや構造物の破壊を検討するとき，2自由度の系でビルや構造物を置き換えることはできないが，本章の内容はその足がかりとなる．

9.1　2自由度以上の振動

　機械をばね・質点系に置き換える場合，質点(物体)を2個あるいは3個にした場合が合理的な場合もある．質点が2個以上になった場合は，解の未定係数の数が増えるので，計算が少し面倒になる．また，2質点系の自由振動の場合，固有角振動数は2個存在する．1質点系の自由振動の固有角振動数は，2.4節の式(2.8)′で与えられるが，変位の振幅 A とはまったく無関係になる．しかし，2質点系の自由振動では，固有角振動数は変位と絡み合ってくるので戸惑ってしまうかもしれない．この点が，1自由度の固有角振動数を求める場合と異なる．たとえば，一方の質点の変位が右側に移動したとき，ほかの質点はある固有角振動数では同じく右側に動いたり，あるいは逆方向の左側に動いたりする．

> **注意**：質点が150個になったり，2877個になったりすれば，途中までは手計算で数式を書き，一連の数式を書き終えたあとは，プログラムを組んでコンピュータを用いて数値計算すればよい．固有角振動は非線形方程式を数値的に解けばよいだけである．手計算で解くことはできなくなるので，コンピュータで解くことになる．

9.2　2自由度の自由振動

　機械に荷重や変位などの外乱(刺激)がはたらくときの質点の変位を求めること(強制振動の解を求めること)は重要である．一方，質点系が短時間だけ刺激を与えられて，あとは自由に振動するときの固有角振動数を知っておくことも重要である．なぜなら，調和振動形で与えられる荷重や変位などの外乱が系の固有角振動数と同じ角振動数で与えられるか，あるいはこの値に接近している値で与えられる場合，変位は大きくなり，機械は激しく振動して，場合によっては壊れてしまうからである．この点は1自由度の場合と同じである．本節では，2質点系の自由振動について述べる．

　図9.1に示すように，剛性天井に取り付けられた，ばね定数k_1のばねの下端に質量m_1の小物体①が取り付けられている．小物体①の下には，ばね定数k_2のばねが取り付けられ，その下に質量m_2の小物体②が取り付けられている．この系の小物体①と小物体②の自由振動を考える．図9.1に示すようにx_1, x_2座標を採用する．図9.2に示すように，小物体①と小物体②がそれぞれx_1, x_2変位したとすれば，小物体①には，上向きに$k_1 x_1$の力が，下向きに$k_2(x_2 - x_1)$の力がはたらき，小物体②には，上向きに$k_2(x_2 - x_1)$の力がはたらく．そこで，小物体①と小物体②の運動方程式は，次式で与えられる．

$$-m_1 \frac{\mathrm{d}^2 x_1}{\mathrm{d}t^2} - k_1 x_1 + k_2(x_2 - x_1) = 0, \qquad -m_2 \frac{\mathrm{d}^2 x_2}{\mathrm{d}t^2} - k_2(x_2 - x_1) = 0$$

$$\therefore \quad m_1 \frac{\mathrm{d}^2 x_1}{\mathrm{d}t^2} + k_1 x_1 + k_2(x_1 - x_2) = 0 \tag{9.1a}$$

$$m_2 \frac{\mathrm{d}^2 x_2}{\mathrm{d}t^2} + k_2(x_2 - x_1) = 0 \tag{9.1b}$$

　式(9.1)には変数x_1, x_2が混ざっているが，このような微分方程式を<u>連立微分方程式</u>という．連立微分方程式の解法はまったく難しくはなく，単に機械的に解くだけで

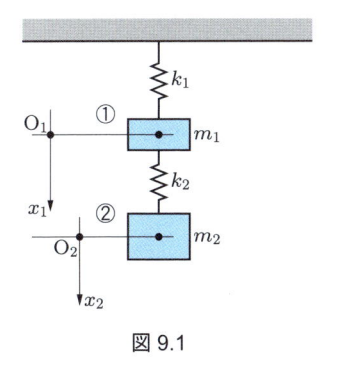

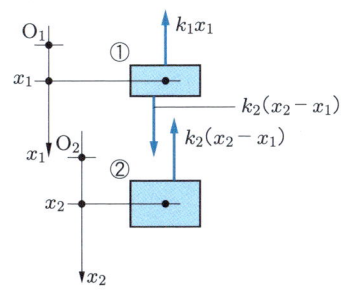

図 9.1

図 9.2

ある．式(9.1)の解を次式で仮定する(cosの形を仮定してもよい)．

$$x_1 = X_{1S}\sin\omega t, \qquad x_2 = X_{2S}\sin\omega t \tag{9.2}$$

式(9.2)を式(9.1a)と式(9.1b)に代入すれば，次式を得る．

$$m_1 X_{1S}(-\omega^2)\sin\omega t + k_1 X_{1S}\sin\omega t + k_2(X_{1S}\sin\omega t - X_{2S}\sin\omega t) = 0$$

$$m_2 X_{2S}(-\omega^2)\sin\omega t + k_2(X_{2S}\sin\omega t - X_{1S}\sin\omega t) = 0$$

$$\therefore \; [(k_1 + k_2 - m_1\omega^2)X_{1S} - k_2 X_{2S}]\sin\omega t = 0 \tag{9.3a}$$

$$[(k_2 - m_2\omega^2)X_{2S} - k_2 X_{1S}]\sin\omega t = 0 \tag{9.3b}$$

式(9.3)は1自由度の2.4節の式(2.6)に対応する．式(2.6)からはすぐに固有角振動数 $\omega_n = \sqrt{k/m}$ が求められたが，2自由度ではすぐには固有角振動数が求められない．この点が少し1自由度の場合とは異なっている．

式(9.3)において，$\sin\omega t$ は常にゼロであるとは限らないので，式(9.3)が成立するためには，次のように [ ] 内がゼロとならなければならない．

$$(k_1 + k_2 - m_1\omega^2)X_{1S} - k_2 X_{2S} = 0 \tag{9.4a}$$

$$-k_2 X_{1S} + (k_2 - m_2\omega^2)X_{2S} = 0 \tag{9.4b}$$

固有角振動数は後述の式(9.9)で与えられるように，式(9.4)からすぐに求められる．しかし，変位と固有角振動数には相関関係があるので，まず，変位 X_{1S}, X_{2S} が満たす関係式を与えてから固有角振動数を求める．式(9.4)から X_{1S}, X_{2S} は求めることはできないが，これらの比は次のように求めることができる．

$$X_{2S} = \frac{k_1 + k_2 - m_1\omega^2}{k_2}X_{1S} \tag{9.5a}$$

$$X_{1S} = \frac{k_2 - m_2\omega^2}{k_2}X_{2S} \tag{9.5b}$$

式(9.5b)を式(9.5a)に代入して，

$$X_{2S} = \frac{k_1 + k_2 - m_1\omega^2}{k_2} \times \frac{k_2 - m_2\omega^2}{k_2}X_{2S} \tag{9.6}$$

となる．式(9.6)が成立するためには，次式が成立しなければならない．

$$\frac{k_1 + k_2 - m_1\omega^2}{k_2} \times \frac{k_2 - m_2\omega^2}{k_2} = 1$$

$$\therefore \; (k_1 + k_2 - m_1\omega^2)(k_2 - m_2\omega^2) - k_2^2 = 0 \tag{9.7}$$

式(9.7)を満たす ω で式(9.2)の変位 x_1, x_2 を与えれば，式(9.1)は満たされる．そこで，式(9.7)を解けば，固有角振動数が求められる．

さて，式(9.4)を行列で表せば，次式となる．

$$\begin{vmatrix} k_1+k_2-m_1\omega^2 & -k_2 \\ -k_2 & k_2-m_2\omega^2 \end{vmatrix} \begin{vmatrix} X_{1S} \\ X_{2S} \end{vmatrix} = \begin{vmatrix} 0 \\ 0 \end{vmatrix} \qquad (9.8)$$

式(9.8)の係数行列式をゼロとすれば，次式を得る．

$$\begin{vmatrix} k_1+k_2-m_1\omega^2 & -k_2 \\ -k_2 & k_2-m_2\omega^2 \end{vmatrix} = 0$$

$$\therefore \; (k_1+k_2-m_1\omega^2)(k_2-m_2\omega^2) - k_2^2 = 0 \qquad (9.9)$$

式(9.7)は式(9.9)に一致する．すなわち，自由振動に対しての系の固有角振動数を与える振動数方程式は，式(9.4)を式(9.8)のように行列で表して，係数行列式をゼロとした式に一致することがわかった．

式(9.7)を ω^2 の2次方程式の形に整理すれば，次式となる．

$$(k_1+k_2)k_2 - m_1\omega^2 k_2 - (k_1+k_2)m_2\omega^2 + m_1 m_2 \omega^4 - k_2^2 = 0$$

$$\therefore \; m_1 m_2 \omega^4 - [(k_1+k_2)m_2 + m_1 k_2]\omega^2 + k_1 k_2 = 0 \qquad (9.10)$$

式(9.10)を満たす ω^2 に対しては，式(9.2)の解は運動方程式(9.1)を満たすので有効となる．式(9.10)の2次方程式を解けば，次式を得る．

$$\omega^2 = \frac{[(k_1+k_2)m_2 + m_1 k_2] \pm \sqrt{[(k_1+k_2)m_2 + m_1 k_2]^2 - 4m_1 m_2 k_1 k_2}}{2m_1 m_2} \qquad (9.11)$$

式(9.11)を少し変形する．

$$\begin{aligned}
\omega^2 &= \frac{1}{2m_1 m_2} \times \Big\{ [(k_1+k_2)m_2 + m_1 k_2] \\
&\quad \pm \sqrt{(k_1+k_2)^2 m_2^2 + 2(k_1+k_2)m_2 m_1 k_2 + m_1^2 k_2^2 - 4m_1 m_2 k_1 k_2} \Big\} \\
&= \frac{1}{2m_1 m_2} \times \Big\{ (k_1+k_2)m_2 + m_1 k_2 \pm [(k_1+k_2)^2 m_2^2 - 2(k_1+k_2)m_2 m_1 k_2 \\
&\quad + 4(k_1+k_2)m_2 m_1 k_2 + m_1^2 k_2^2 - 4m_1 m_2 k_1 k_2]^{1/2} \Big\} \\
&= \frac{[(k_1+k_2)m_2 + m_1 k_2] \pm \sqrt{[(k_1+k_2)m_2 - m_1 k_2]^2 + 4m_1 m_2 k_2^2}}{2m_1 m_2} \qquad (9.12)
\end{aligned}$$

ω^2 を式(9.12)のように変形することにより，ルートの中は常に正であることがわかる．また，式(9.11)よりルートの中は常に $[(k_1+k_2)m_2 + m_1 k_2]^2$ より小さいので，$0 < \omega^2$ となることもわかる．ω^2 の解は2個あるが，小さい値，大きい値をそれぞれ ω_1, ω_2 とすれば，式(9.11)より次式を得る．

$$\omega_1 = \pm \left\{ \frac{[(k_1+k_2)m_2+m_1k_2] - \sqrt{[(k_1+k_2)m_2+m_1k_2]^2 - 4m_1m_2k_1k_2}}{2m_1m_2} \right\}^{1/2}$$

$$\omega_2 = \pm \left\{ \frac{[(k_1+k_2)m_2+m_1k_2] + \sqrt{[(k_1+k_2)m_2+m_1k_2]^2 - 4m_1m_2k_1k_2}}{2m_1m_2} \right\}^{1/2}$$

(9.13)

式(9.13)において，負の値も有効なのであるが，通常，固有角振動数は正の値で与えるので，負の値は無視する．

さて，式(9.5)より X_{2S}/X_{1S} を求めると，次式を得る．

$$\frac{X_{2S}}{X_{1S}} = \frac{k_1+k_2-m_1\omega^2}{k_2} = \frac{k_2}{k_2-m_2\omega^2} \quad (9.14)$$

式(9.14)の最初の等式より，$k_1+k_2-m_1\omega^2$ が正のときは X_{2S}/X_{1S} は正になり，$k_1+k_2-m_1\omega^2$ が負のときは X_{2S}/X_{1S} は負になることがわかる．いま，$k_1+k_2-m_1\omega^2$ の ω^2 に ω_1^2 を代入して計算してみると，次式を得る．

$$k_1 + k_2 - m_1\omega^2$$
$$= \frac{[m_2(k_1+k_2) - m_1k_2] + \sqrt{[(k_1+k_2)m_2+m_1k_2]^2 - 4m_1m_2k_1k_2}}{2m_2}$$
$$= \frac{1}{2m_2} \times \{[m_2(k_1+k_2) - m_1k_2] + [(k_1+k_2)^2 m_2^2 + 2(k_1+k_2)m_2m_1k_2$$
$$\quad + (m_1k_2)^2 - 4m_1m_2k_1k_2]^{1/2}\}$$
$$= \frac{1}{2m_2} \times \{[m_2(k_1+k_2) - m_1k_2] + [(k_1+k_2)^2 m_2^2 - 2(k_1+k_2)m_2m_1k_2$$
$$\quad + (m_1k_2)^2 - 4m_1m_2k_1k_2 + 4(k_1+k_2)m_2m_1k_2]^{1/2}\}$$
$$= \frac{1}{2m_2} \times \{[m_2(k_1+k_2) - m_1k_2] + \sqrt{[(k_1+k_2)m_2 - m_1k_2]^2 + 4m_1m_2k_2^2}\}$$

(9.15)

式(9.15)の最後の形は常に正になるので，

$$0 < k_1 + k_2 - m_1\omega_1^2 \quad (9.16)$$

となることがわかる．ω^2 に ω_2^2 を代入した場合は，式(9.15)のルートの前の+は-になるので，

$$k_1 + k_2 - m_1\omega_2^2 < 0 \quad (9.17)$$

となることがわかる．

ω^2 に ω_1^2 を与えたときの振幅をそれぞれ X_{1S2}, X_{2S1} とすれば，次のようになる．

$$\frac{X_{2S1}}{X_{1S1}} = \frac{k_1 + k_2 - m_1\omega_1^2}{k_2} = R_1 > 0 \tag{9.18}$$

$(k_1 + k_2 - m_1\omega_1^2)/k_2$ の表示式は長いので，R_1 で置き換えられる．式(9.18)を変形して，次式を得る．

$$X_{2S1} = R_1 X_{1S1} \tag{9.19}$$

同様に，ω^2 に ω_2^2 を与えたときの振幅をそれぞれ X_{1S2}, X_{2S1} とすれば，式(9.17)が成立するので，次のようになる．

$$\frac{X_{2S2}}{X_{1S2}} = \frac{k_1 + k_2 - m_1\omega_2^2}{k_2} = R_2 < 0 \tag{9.20}$$

式(9.20)を変形して，次式を得る．

$$X_{2S2} = R_2 X_{1S2} \tag{9.21}$$

式(9.18)と式(9.19)から，図 9.1 の系が固有角円振動数 ω_1 で振動するときは，X_{1S1} が正のときは X_{2S1} も正になり，X_{1S1} が負のときは X_{2S1} も負になることがわかる．図 9.1 の系が固有角円振動数 ω_2 で振動するときは，式(9.20)と式(9.21)から，X_{1S2} が正のときは X_{2S2} は負になり，X_{1S2} が負のときは X_{2S2} は正になることがわかる．これらの様子を**図 9.3** に示す．ただし，上下の振動の振幅を図に示すのは難しいので，図 9.3 では，X_{1S1}，X_{2S1}，X_{1S2}，X_{2S2} は水平方向に右に向かう値を正として示している．

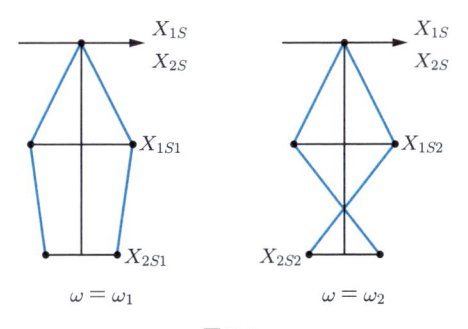

図 9.3

図 9.1 の系が自由振動する場合，2 個の固有角振動数が存在することがわかったので，解として次式を採用してよい．

$$\left.\begin{aligned} x_1 &= X_{1S1}\sin\omega_1 t + X_{1S2}\sin\omega_2 t \\ x_2 &= X_{2S1}\sin\omega_1 t + X_{2S2}\sin\omega_2 t = R_1 X_{1S1}\sin\omega_1 t + R_2 X_{1S2}\sin\omega_2 t \end{aligned}\right\} \tag{9.22}$$

式(9.1)の連立微分方程式の解を，次式の形で与えた場合を考える．

$$x_1 = X_{1C} \cos\omega t, \qquad x_2 = X_{2C} \cos\omega t \tag{9.23}$$

この場合もまったく同様の計算を行うだけであり，次の結果が得られる．

$$\left.\begin{array}{l} x_1 = X_{1C1} \cos\omega_1 t + X_{1C2} \cos\omega_2 t \\ x_2 = X_{2C1} \cos\omega_1 t + X_{2C2} \cos\omega_2 t = R_1 X_{1C1} \cos\omega_1 t + R_2 X_{1C2} \cos\omega_2 t \end{array}\right\} \tag{9.24}$$

9.3　2自由度のはりの振動

図 9.4 に示すように，長さ l，ヤング率 E，断面二次モーメント I の片持ちはり AB の自由端 A の下部に質量 m の小物体①が接着されていて，自由端 A から距離 $l/2$ の C 端の下部にも質量 m の小物体②が接着されている．このはりが微小振動するときの固有角振動数を求めてみる．図 9.4 に示すように x, y_1, y_2 座標を採用する．物体①と物体②の運動方程式をつくるとき，物体を切り出して力のつり合い式を導こうとすると，ばね定数を決めることが困難になる．すなわち，はりに物体が接着されている場合の運動方程式は，図 9.1 の系のようにつくることはできない．そこで，次のように考える．

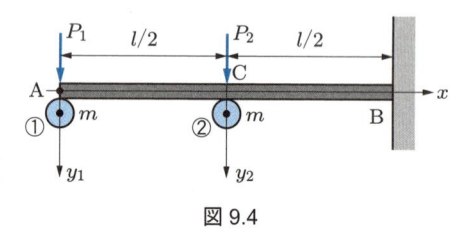

図 9.4

図 9.4 に示す点 A に下向きの荷重 P_1 がはたらく場合の，点 A と点 C の変位をそれぞれ y_1', y_2' とすれば，それぞれ次式のようになる．

$$y_1' = \frac{P_1 l^3}{3EI}, \qquad y_2' = \frac{5P_1 l^3}{48EI} \tag{9.25}$$

図 9.4 に示す点 C に下向きの荷重 P_2 がはたらく場合の，点 A と点 C の変位をそれぞれ y_1'', y_2'' とすれば，次式のように与えられる．

$$y_1'' = \frac{5P_2 l^3}{48EI}, \qquad y_2'' = \frac{P_2 l^3}{24EI} \tag{9.26}$$

したがって，荷重 P_1 と P_2 が同時にはたらいたときの点 A と点 C の変位 y_1, y_2 は，

$$y_1 = y_1' + y_1'' = \frac{P_1 l^3}{3EI} + \frac{5P_2 l^3}{48EI}, \qquad y_2 = y_2' + y_2'' = \frac{5P_1 l^3}{48EI} + \frac{P_2 l^3}{24EI}$$
(9.27)

となる．はり AB が自由振動している場合，P_1, P_2 は

$$P_1 = -m\ddot{y}_1, \qquad P_2 = -m\ddot{y}_2 \tag{9.28}$$

と与えられるので (例題 9.1 を参照)，この式を式 (9.27) に代入して，次式を得る．

$$y_1 = \frac{l^3}{3EI}(-m\ddot{y}_1) + \frac{5l^3}{48EI}(-m\ddot{y}_2), \qquad y_2 = \frac{5l^3}{48EI}(-m\ddot{y}_1) + \frac{l^3}{24EI}(-m\ddot{y}_2)$$
(9.29)

ここで，点 A と点 C の変位 y_1, y_2 が調和振動すると仮定すれば，

$$y_1 = Y_1 \sin\omega t, \qquad y_2 = Y_2 \sin\omega t \tag{9.30}$$

であるので，これらを式 (9.29) に代入して，次式を得る．

$$Y_1 = \frac{l^3 m}{3EI}\omega^2 Y_1 + \frac{5l^3 m}{48EI}\omega^2 Y_2, \qquad Y_2 = \frac{5l^3 m}{48EI}\omega^2 Y_1 + \frac{l^3 m}{24EI}\omega^2 Y_2$$

$$\therefore \quad \begin{aligned} \left(\frac{16l^3 m}{48EI}\omega^2 - 1\right)Y_1 + \frac{5l^3 m}{48EI}\omega^2 Y_2 &= 0 \\ \frac{5l^3 m}{48EI}\omega^2 Y_1 + \left(\frac{2l^3 m}{48EI}\omega^2 - 1\right)Y_2 &= 0 \end{aligned} \right\} \tag{9.31}$$

式 (9.31) で，

$$b = \frac{l^3 m}{48EI} \tag{9.32}$$

とおけば，次式となる．

$$\left. \begin{aligned} (16b\omega^2 - 1)Y_1 + 5b\omega^2 Y_2 &= 0 \\ 5b\omega^2 Y_1 + (2b\omega^2 - 1)Y_2 &= 0 \end{aligned} \right\} \tag{9.33}$$

式 (9.33) の係数行列式をゼロとおけば，

$$\begin{vmatrix} 16b\omega^2 - 1 & 5b\omega^2 \\ 5b\omega^2 & 2b\omega^2 - 1 \end{vmatrix} = 0$$

$$(16b\omega^2 - 1)(2b\omega^2 - 1) - 25(b\omega^2)^2 = 0$$

$$32(b\omega^2)^2 - 18b\omega^2 + 1 - 25(b\omega^2)^2 = 0$$

$$\therefore \quad 7(b\omega^2)^2 - 18b\omega^2 + 1 = 0 \tag{9.34}$$

となる．ゆえに，次式を得る．

$$b\omega^2 = \frac{18 \pm \sqrt{(18)^2 - 4 \times 7}}{2 \times 7}$$

$$b\omega_1^2 = \frac{18 - \sqrt{(18)^2 - 4 \times 7}}{2 \times 7} = 0.05681067614$$

$$\omega_1 = \frac{0.2383499027}{\sqrt{b}} = 0.2383499027\sqrt{\frac{48EI}{l^3m}} = 1.651\sqrt{\frac{EI}{l^3m}} \quad (9.35)$$

$$b\omega_2^2 = \frac{18 + \sqrt{(18)^2 - 4 \times 7}}{2 \times 7} = 2.514617895$$

$$\omega_2 = \frac{1.585754677}{\sqrt{b}} = 1.585754677\sqrt{\frac{48EI}{l^3m}} = 10.986\sqrt{\frac{EI}{l^3m}} \quad (9.36)$$

変位の振幅の比 Y_1/Y_2 を式 (9.33) を用いて求めれば，以下となる．

$$\frac{Y_1}{Y_2} = \begin{cases} -\dfrac{5 \times 0.05681067614}{16 \times 0.05681067614 - 1} = 3.121 & \left(\omega_1 = 1.651\sqrt{\dfrac{EI}{l^3m}}\right) & (9.37) \\ -\dfrac{5 \times 2.514617895}{16 \times 2.514617895 - 1} = -0.3205 & \left(\omega_2 = 10.986\sqrt{\dfrac{EI}{l^3m}}\right) & (9.38) \end{cases}$$

本節では，長さ l の片持ちはりの自由端と中央の位置に等しい質量 m の物体が接着されている場合を考えて固有角振動数を求めた．ただ，ここで用いた解析手法は，はりが片持ちはりである必要はまったくない．また，物体の質量，物体の個数，接着の位置は，任意であっても同様に適用が可能となる．はりの下側あるいは上側に物体が接着されているはりの角振動数を求める場合は，本節の手法を適用すればよい．

なお，物体の個数が 3 個以上になった場合は，係数行列式をゼロとした方程式を，コンピュータに準備されているサブルーチンプログラムを用いて数値的に計算すれば，簡単に固有角振動数が求められる．

注意：他書では，本節の解析手法を影響係数法とよんでいる．

例題 9.1 図 9.5 に示すように，長さ l，ヤング率 E，断面二次モーメント I の片持ちはり AB の自由端 A に質量 m の小物体が接着されていて，このはりが自由振動している場合を考える．自由端 A に P の荷重がはたらけば，自由端のたわみは，

$$y = \frac{Pl^3}{3EI} \quad (9.39)$$

で与えられる．このとき，荷重 P は次式で与えてよいことを示せ．

$$P = -m\ddot{y} \quad (9.40)$$

ただし，はりのたわみ y は下向き正にとられた座標である．

図 9.5   図 9.6

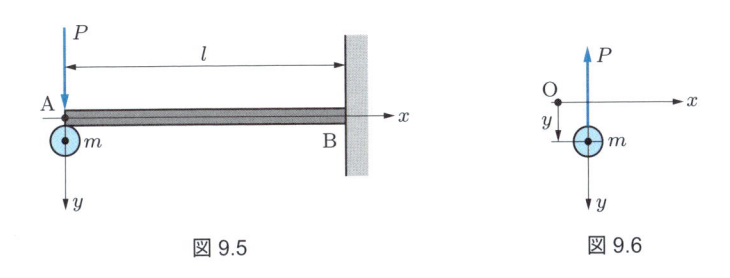

解答 図 9.5 に示す片持ちはりの自由端にはたらく力 P を何が加えているのであろうか．それは，下側に接着されている質量 m の小物体がはりを引いて加えている．

次に，質量 m の物体に着目して考えれば，図 9.6 に示すように物体ははりから荷重 P で引かれる．そこで，小物体の運動方程式は次式で与えられる．

$$-m\ddot{y} - P = 0 \tag{9.41}$$
$$P = -m\ddot{y} \tag{9.42}$$

荷重 P は，はりに着目すれば，物体がはりを下に引く力であり，物体に着目すれば，はりが物体を上側に引く力になっている．この点を区別して考える必要がある．

9.4　2 自由度の強制振動

図 9.7 に示すように，ばね定数 k_1, k_2, k_3 の 3 本のばねで，質量 m_1 の小物体①と質量 m_2 の小物体②を連結した．このとき，小物体①と小物体②に，次式で与えられる外力 P_1, P_2 をはたらかせた．以下では，この場合の小物体①と小物体②の変位を求める．

$$P_1 = F_1 \cos \omega t, \qquad P_2 = F_2 \cos \omega t \tag{9.43}$$

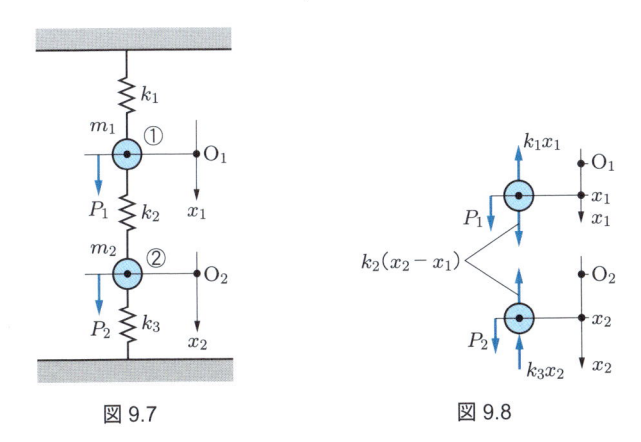

図 9.7   図 9.8

図9.7に示すようにx_1, x_2座標を採用する．図9.8に示すように，小物体①と小物体②がそれぞれx_1, x_2変位したとすれば，小物体①には，上向きにk_1x_1の力，下向きに$k_2(x_2 - x_1)$の力とP_1の力がはたらく．小物体②には，上向きに$k_2(x_2 - x_1)$の力，上向きにk_3x_2の力と下向きにP_2の力がはたらく．そこで，小物体①と小物体②の運動方程式は，次式で与えられる．

$$-m_1 \frac{d^2 x_1}{dt^2} - k_1 x_1 + k_2(x_2 - x_1) + F_1 \cos \omega t = 0$$

$$\therefore\ m_1 \frac{d^2 x_1}{dt^2} + k_1 x_1 + k_2(x_1 - x_2) = F_1 \cos \omega t \tag{9.44}$$

$$-m_2 \frac{d^2 x_2}{dt^2} - k_2(x_2 - x_1) - k_3 x_2 + F_2 \cos \omega t = 0$$

$$\therefore\ m_2 \frac{d^2 x_2}{dt^2} + k_2(x_2 - x_1) + k_3 x_2 = F_2 \cos \omega t \tag{9.45}$$

式(9.44), (9.45)には変数x_1, x_2が混ざっているので，連立微分方程式になる．これらの方程式の解を次式で仮定する．

$$x_1 = X_1 \cos \omega t, \qquad x_2 = X_2 \cos \omega t \tag{9.46}$$

式(9.46)を式(9.44), (9.45)に代入すると，次式を得る．

$$\left. \begin{array}{l} [m_1 X_1(-\omega^2) + k_1 X_1 + k_2(X_1 - X_2)] \cos \omega t = F_1 \cos \omega t \\ [m_2 X_2(-\omega^2) + k_2(X_2 - X_1) + k_3 X_2] \cos \omega t = F_2 \cos \omega t \end{array} \right\} \tag{9.47}$$

式(9.47)が成立するためには，次式が満たされる必要がある．

$$\left. \begin{array}{l} X_1(k_1 + k_2 - m_1 \omega^2) + X_2(-k_2) = F_1 \\ X_1(-k_2) + X_2(k_2 + k_3 - m_2 \omega^2) = F_2 \end{array} \right\} \tag{9.48}$$

式(9.48)は普通の連立方程式であるが，ここではクラメールの公式を用いてX_1, X_2を求める．式(9.48)を行列で表せば，次式となる．

$$\begin{vmatrix} k_1 + k_2 - m_1 \omega^2 & -k_2 \\ -k_2 & k_2 + k_3 - m_2 \omega^2 \end{vmatrix} \begin{vmatrix} X_1 \\ X_2 \end{vmatrix} = \begin{vmatrix} F_1 \\ F_2 \end{vmatrix} \tag{9.49}$$

したがって，X_1, X_2は次のように求められる．

$$X_1 = \begin{vmatrix} F_1 & -k_2 \\ F_2 & k_2 + k_3 - m_2 \omega^2 \end{vmatrix} \bigg/ \begin{vmatrix} k_1 + k_2 - m_1 \omega^2 & -k_2 \\ -k_2 & k_2 + k_3 - m_2 \omega^2 \end{vmatrix}$$

$$= \frac{F_1(k_2 + k_3 - m_2 \omega^2) + F_2 k_2}{(k_1 + k_2 - m_1 \omega^2)(k_2 + k_3 - m_2 \omega^2) - k_2^2} \tag{9.50}$$

$$X_2 = \begin{vmatrix} k_1 + k_2 - m_1 \omega^2 & F_1 \\ -k_2 & F_2 \end{vmatrix} \bigg/ \begin{vmatrix} k_1 + k_2 - m_1 \omega^2 & -k_2 \\ -k_2 & k_2 + k_3 - m_2 \omega^2 \end{vmatrix}$$

$$= \frac{F_1 k_2 + F_2(k_1 + k_2 - m_1\omega^2)}{(k_1 + k_2 - m_1\omega^2)(k_2 + k_3 - m_2\omega^2) - k_2^2} \tag{9.51}$$

さらに，式(9.50)，(9.51)を式(9.46)に戻せば，次式となる．

$$\left. \begin{aligned} x_1 &= \frac{F_1(k_2 + k_3 - m_2\omega^2) + F_2 k_2}{(k_1 + k_2 - m_1\omega^2)(k_2 + k_3 - m_2\omega^2) - k_2^2} \cos\omega t \\ x_2 &= \frac{F_1 k_2 + F_2(k_1 + k_2 - m_1\omega^2)}{(k_1 + k_2 - m_1\omega^2)(k_2 + k_3 - m_2\omega^2) - k_2^2} \cos\omega t \end{aligned} \right\} \tag{9.52}$$

式(9.52)の分母は，式(9.49)の係数行列式になっている．分母がゼロになれば，x_1 も x_2 も発散する．すなわち，外力の角振動数が次の振動数方程式を満たす ω になれば発散する．

$$\begin{vmatrix} k_1 + k_2 - m_1\omega^2 & -k_2 \\ -k_2 & k_2 + k_3 - m_2\omega^2 \end{vmatrix} = 0 \tag{9.53}$$

式(9.53)は，自由振動の固有角振動数を求める式に一致する．すなわち，外力の角振動数が系の固有角振動数に一致したとき，変位は無限大になる．

ここでは，図 9.7 の系の小物体に $\cos\omega t$ の形の外力を与えた．外力が $\cos\omega t$ の形でなく $\sin\omega t$ の形，あるいは $\cos\omega t$ と $\sin\omega t$ の混ざった形になれば，連立運動方程式の解として，$\sin\omega t$ の形，$\cos\omega t$ と $\sin\omega t$ の和の形を仮定すればよい．

9.5 動吸振器

図 9.9 に示すように，ばね定数 k_1 のばねで剛性床に取り付けられた質量 m_1 の物体①の上にばね定数 k_2 のばねを取り付けて，その上に質量 m_2 の物体②を取り付けた．以下では，小物体①に式(9.54)で与えられる外力 P_1 がはたらいたときの系の固有角振動数と変位を求めてみる．

$$P_1 = F_1 \cos\omega t \tag{9.54}$$

図 9.9 に示すように x_1, x_2 座標を採用すれば，物体①と物体②の運動方程式は次式

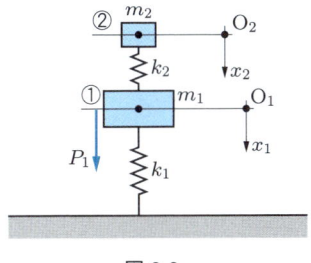

図 9.9

で与えられる.

$$-m_1 \frac{d^2 x_1}{dt^2} - k_1 x_1 + k_2(x_2 - x_1) + F_1 \cos\omega t = 0$$

$$\therefore \ m_1 \frac{d^2 x_1}{dt^2} + k_1 x_1 + k_2(x_1 - x_2) = F_1 \cos\omega t \tag{9.55}$$

$$-m_2 \frac{d^2 x_2}{dt^2} - k_2(x_2 - x_1) = 0$$

$$\therefore \ m_2 \frac{d^2 x_2}{dt^2} + k_2(x_2 - x_1) = 0 \tag{9.56}$$

式(9.55)と式(9.56)の方程式の解を，次式で仮定する．

$$x_1 = X_1 \cos\omega t, \qquad x_2 = X_2 \cos\omega t \tag{9.57}$$

式(9.57)を式(9.55)，(9.56)に代入すると，次式を得る．

$$\left. \begin{array}{l} [m_1 X_1(-\omega^2) + k_1 X_1 + k_2(X_1 - X_2)] \cos\omega t = F_1 \cos\omega t \\ [m_2 X_2(-\omega^2) + k_2(X_2 - X_1)] \cos\omega t = 0 \end{array} \right\} \tag{9.58}$$

式(9.58)が成立するためには，次式が満たされる必要がある．

$$\left. \begin{array}{l} X_1(k_1 + k_2 - m_1\omega^2) + X_2(-k_2) = F_1 \\ X_1(-k_2) + X_2(k_2 - m_2\omega^2) = 0 \end{array} \right\} \tag{9.59}$$

式(9.59)は普通の連立方程式であるが，ここではクラメールの公式を用いて X_1, X_2 を求める．式(9.59)を行列で表せば，次式となる．

$$\begin{vmatrix} k_1 + k_2 - m_1\omega^2 & -k_2 \\ -k_2 & k_2 - m_2\omega^2 \end{vmatrix} \begin{vmatrix} X_1 \\ X_2 \end{vmatrix} = \begin{vmatrix} F_1 \\ 0 \end{vmatrix} \tag{9.60}$$

したがって，X_1, X_2 は次のように求められる．

$$X_1 = \begin{vmatrix} F_1 & -k_2 \\ 0 & k_2 - m_2\omega^2 \end{vmatrix} \Bigg/ \begin{vmatrix} k_1 + k_2 - m_1\omega^2 & -k_2 \\ -k_2 & k_2 - m_2\omega^2 \end{vmatrix}$$

$$= \frac{F_1(k_2 - m_2\omega^2)}{(k_1 + k_2 - m_1\omega^2)(k_2 - m_2\omega^2) - k_2^2} \tag{9.61}$$

$$X_2 = \begin{vmatrix} k_1 + k_2 - m_1\omega^2 & F_1 \\ -k_2 & 0 \end{vmatrix} \Bigg/ \begin{vmatrix} k_1 + k_2 - m_1\omega^2 & -k_2 \\ -k_2 & k_2 - m_2\omega^2 \end{vmatrix}$$

$$= \frac{F_1 k_2}{(k_1 + k_2 - m_1\omega^2)(k_2 - m_2\omega^2) - k_2^2} \tag{9.62}$$

さらに，式(9.61)，(9.62)を式(9.57)に代入して，次式を得る．

$$\left.\begin{aligned}x_1 &= \frac{F_1(k_2 - m_2\omega^2)}{(k_1 + k_2 - m_1\omega^2)(k_2 - m_2\omega^2) - k_2^2}\cos\omega t \\ x_2 &= \frac{F_1 k_2}{(k_1 + k_2 - m_1\omega^2)(k_2 - m_2\omega^2) - k_2^2}\cos\omega t\end{aligned}\right\} \tag{9.63}$$

式(9.63)の分母は，式(9.60)の係数行列式になっている．分母がゼロになれば，x_1 も x_2 も発散する．

式(9.63)の一つ目の式から，

$$k_2 - m_2\omega^2 = 0 \tag{9.64}$$

を満たす外力の角振動数で変位 x_1 はゼロとなることがわかる．式(9.64)を満たすように k_2 と m_2 を決定すれば，角振動数 ω で調和振動する外力に対して，物体①の振動を軽減することができる．物体①の振動を軽減する目的で追加された装置を**動吸振器**という．式(9.61)と式(9.62)の振幅を $F_1/k_1 = X_0$ を用いて，次式のように無次元化する．

$$\begin{aligned}X_1 &= \frac{F_1(k_2 - m_2\omega^2)/k_1^2}{[(k_1 + k_2 - m_1\omega^2)(k_2 - m_2\omega^2) - k_2^2]/k_1^2} \\ &= \frac{F_1/k_1(k_2/k_1 - m_2\omega^2/k_1)}{[1 + k_2/k_1 - (m_1/k_1)\omega^2][k_2/k_1 - (m_2/k_1)\omega^2] - (k_2/k_1)^2} \\ \therefore \frac{X_1}{X_0} &= \frac{k_2/k_1 - m_2\omega^2/k_1}{[1 + k_2/k_1 - (m_1/k_1)\omega^2][k_2/k_1 - (m_2/k_1)\omega^2] - (k_2/k_1)^2} \\ &= \frac{k_2/k_1 - (m_2/m_1)\omega^2/\omega_{n1}^2}{(1 + k_2/k_1 - \omega^2/\omega_{n1}^2)[k_2/k_1 - (m_2/m_1)\omega^2/\omega_{n1}^2] - (k_2/k_1)^2}\end{aligned} \tag{9.65}$$

$$\begin{aligned}X_2 &= \frac{F_1 k_2/k_1^2}{[(k_1 + k_2 - m_1\omega^2)(k_2 - m_2\omega^2) - k_2^2]/k_1^2} \\ \therefore \frac{X_2}{X_0} &= \frac{k_2/k_1}{(1 + k_2/k_1 - \omega^2/\omega_{n1}^2)[k_2/k_1 - (m_2/m_1)\omega^2/\omega_{n1}^2] - (k_2/k_1)^2}\end{aligned} \tag{9.66}$$

ここで，$\omega_{n1} = \sqrt{k_1/m_1}$ である．式(9.65)と式(9.66)の振幅の絶対値を $m_2/m_1 = 1.0$，$k_2/k_1 = 1.0$ に対して数値計算して，図9.10と図9.11に示す．

図9.9の系は2質点系であるので，2個の固有角振動数をもっている．この固有角振動数は，式(9.60)の係数行列式をゼロとした次式から求められる．

$$\begin{vmatrix} k_1 + k_2 - m_1\omega^2 & -k_2 \\ -k_2 & k_2 - m_2\omega^2 \end{vmatrix} = 0$$

$$\therefore (k_1 + k_2 - m_1\omega^2)(k_2 - m_2\omega^2) - k_2^2 = 0 \tag{9.67}$$

図 9.10

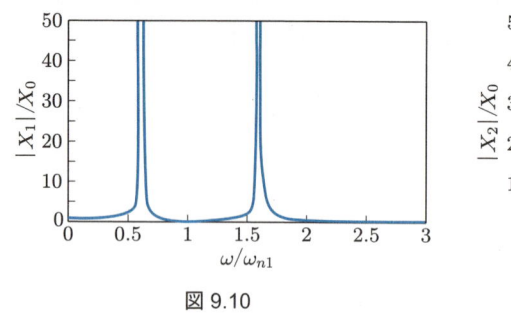

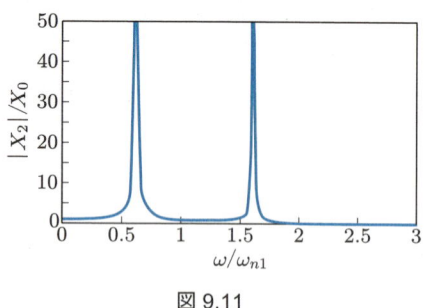

図 9.11

外力の角振動数が式(9.67)を満たす系の固有角振動数 ω_n に一致するとき，それぞれの物体の変位は無限大となる．

9.6　多自由度の自由振動，減衰自由振動，強制振動

9.2 節では，2 質点系の自由振動の固有角振動数を求め，変位の様子を検討した．質点の数が多くなった場合，計算式で変位式や角振動数を求めることは面倒であるので，一般的にプログラムを組んでコンピュータで数値計算する．また，ダッシュポットで連結されている質点系の自由振動も，プログラムを組んでコンピュータで解析するので，本書では取り扱わないことにした．

質点の数が 3 個以上の強制振動は，9.4 節と同様の計算を途中までは手計算で行って，あとはコンピュータを用いながら計算すれば，変位は容易に求められる．この手法は非常に簡単であるが，本書では述べないことにする．系の自由度が 3 質点以上になっても自由振動の項は次第に減衰するので，強制振動が重要となるが，コンピュータで簡単に解ける．

練習問題

9.1　図 9.12 に示すように，長さ l の糸で質量 m の物体①を剛性天井に取り付け，さらに，その下に長さ l の糸で質量 m の物体②を取り付けた．この 2 重振り子が微小振動するときの固有角振動数を求めよ．また，それぞれの固有角振動数に対する振幅比を求めよ．

9.2　図 9.13 に示すように，剛性天井の点 O_1 と点 O_2 に長さ l の 2 本の軽い剛性棒をピン結合して，下端には質量 m の小物体を取り付けた．天井から距離 a の位置に水平にばね定数 k のばねを取り付けたら，2 本の剛性棒は鉛直になったとする．この系が微小振動するときの固有角振動数と物体の角変位の振幅比を求めよ．

図 9.12

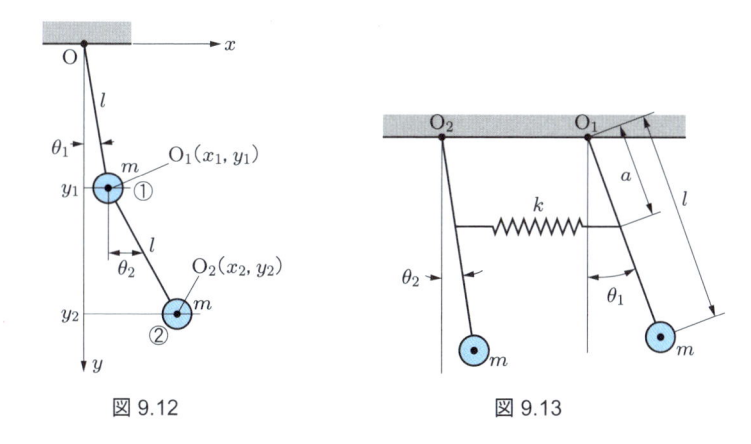

図 9.13

9.3 図 9.14(a) に示す 2 階建ての建物を，建物の 1 階部分をせん断ばね定数 k のばねに置き換え，2 階部分もせん断ばね定数 k のばねに置き換える．1 階の柱，壁，天井(2 階の床を含む)の質量を m として，1 階の天井の位置に集中させる．また，2 階の柱，壁，天井(屋根を含む)の質量も m として，2 階の天井の位置に集中させて，図 9.14(b) のようにモデル化した(せん断ばねを縦長の通常のばねの形で示した)．地盤が水平方向に，$0 \leq t$ に対して

$$x_0 = u_0 \sin \omega t \tag{9.68}$$

で揺れたとき，1 階の天井と屋根の水平方向変位を求めよ．

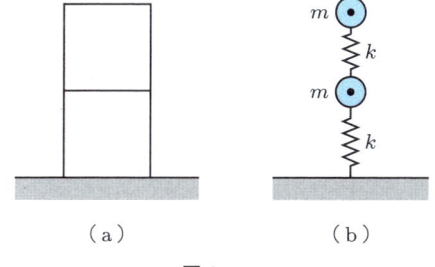

図 9.14

第10章 軸の危険速度

物体が回転する軸に取り付けられて回転しているとき，ある回転数で軸が激しく振動する．このときの回転数を危険速度という．軸が危険速度で回転すれば機械は壊れてしまう．本章では，回転軸に発生する危険速度の求め方について解説する．

10.1 回転体の振動

一般に，回転軸をもつ機械は多い．たとえば，モーター，ジェットエンジン，蒸気タービン，発電機，自動車などである．むしろ，回転する機器(部分)のない機械を提示するほうが難しい．回転軸に取り付けられているタービンブレードなどを回転体という．回転体は重心が回転軸の軸線に一致するように精度よく製作されるが，それでもわずかな不一致は避けられない．このため，回転軸はある回転数で軸が大きく変形してしまう．軸の変位が大きくなるときの回転数を毎分の回転数で表して**危険速度**という．危険速度は，軸に回転体が取り付けられていなくても存在する．すなわち，軸だけが回転しても，ある回転数で軸は大きく変形してしまう．軸が危険速度で回転すると機械は壊れてしまうので，軸の危険速度を求めることは重要となる．

10.2 はりのたわみ式とばね定数

回転中の回転体には遠心力がはたらくので，軸の断面の図心は回転前の軸の断面の図心の位置から変位する．変位した軸は変形をもとに戻そうとする．この様子は，はりに力を加えて変形した場合に，もとに戻そうとする力がはたらく場合と同じとなる．軸の危険速度を計算するためには，軸をはりとみなして力を加えたときの変形量から決められるばね定数が必要となる．本節では，円形断面のはりのばね定数を求めておく．

(1) 両端支持はり

図 10.1 に示すように，長さ l の両端支持はり AB の左端 A から，距離 a の位置 C に集中荷重 W がはたらいたときの荷重端のたわみ y_C は，次式で与えられる．

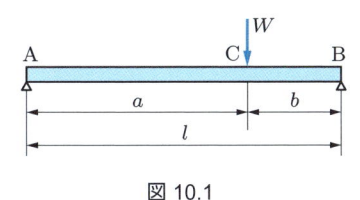

図 10.1

$$y_C = \frac{ab(l^2 - b^2 - a^2)}{6EIl}W \tag{10.1}$$

ここで，E：ヤング率，I：断面二次モーメント，b：CB 間の距離で，$b = l - a$ となる．式(10.1)より，両端支持はりのばね定数 k_1 は，次式で与えられる．

$$k_1 = \frac{W}{y_C} = \frac{6EIl}{ab(l^2 - b^2 - a^2)} \tag{10.2}$$

（2）両端固定はり

図 10.2 に示すように，長さ l の両端固定はり AB の左端 A から距離 a の位置 C に集中荷重 W がはたらいたときの荷重端のたわみ y_C は，次式で与えられる．

$$y_C = \frac{a^3 b^2}{2EIl^2}W - \frac{(3a+b)a^3 b^2}{6EIl^3}W = \frac{3a^3 b^2 l - (3a+b)a^3 b^2}{6EIl^3}W \tag{10.3}$$

ここで，E，I，b は両端支持はりと同様である．式(10.3)より，両端固定はりのばね定数 k_2 は，次式で与えられる．

$$k_2 = \frac{W}{y_C} = \frac{6EIl^3}{3a^3 b^2 l - (3a+b)a^3 b^2} \tag{10.4}$$

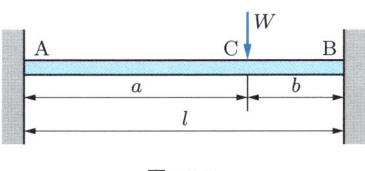

図 10.2

（3）片持ちはり

図 10.3 に示すように，長さ l の片持ちはり AB の自由端 B に集中荷重 W がはたらいたときの荷重端のたわみ y_B は，次式で与えられる．

$$y_B = \frac{l^3}{3EI}W \tag{10.5}$$

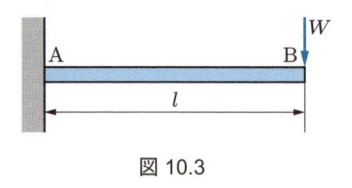

図 10.3

ここで，E：ヤング率，I：断面二次モーメントである．式(10.5)より，片持ちはりのばね定数 k_3 は，次式で与えられる．

$$k_3 = \frac{W}{y_\mathrm{B}} = \frac{3EI}{l^3} \tag{10.6}$$

（4）突き出しはり

図 10.4 に示すように，長さ $l+a$ の突き出しはり ABC の左端 A から，距離 $l+a$ の位置 C に集中荷重 W がはたらいたときの荷重端のたわみ y_C は，次式のように与えられている．

$$y_\mathrm{C} = \frac{a^2(l+a)}{3EI} W \tag{10.7}$$

ここで，E：ヤング率，I：断面二次モーメント，l：AB 間の距離で，はりの突き出し部 BC の長さは a である．式(10.7)より，突き出しはり ABC のばね定数 k_4 は，次式で与えられる．

$$k_4 = \frac{W}{y_\mathrm{C}} = \frac{3EI}{a^2(l+a)} \tag{10.8}$$

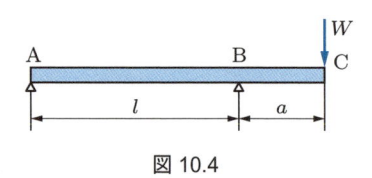

図 10.4

10.3 軸の危険振動数

図 10.5 に示すように，長さ l の軸 AB の左端 A から距離 a の位置に質量 m の円板が取り付けられている場合を考える．図 10.5 のように (x, y, z) 座標を採用する．軸が角速度 ω で回転するとき，図 10.5 の円板の中心 O′ は，図 10.6 に示すように点 O の位置に変位すると仮定する．このときの点 O の位置は (x, y) で与えられる（図 10.6 では，z の座標は煩雑になるだけなので省略されている）．円板の中心は r だけ変位

図 10.5

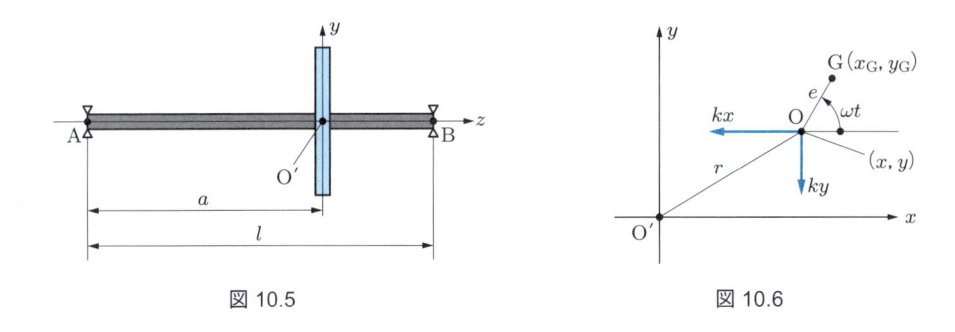

図 10.6

したとすれば，$\overline{\mathrm{O'O}} = r = \sqrt{x^2 + y^2}$ となる．円板の重心 G の座標を (x_G, y_G) とすれば，$\overline{\mathrm{OG}}$ は**偏心量** e となる．

時刻 $t = 0$ のときに線分 OG が x 軸に平行であったと仮定すれば，t 秒後には OG と x 軸とのなす角は ωt となる．軸が回転しているとき，円板の中心 O は図 10.6 に示すように $r = \sqrt{x^2 + y^2}$ だけ変位したとしているので，軸は円板の中心 O をもとの位置 O′ に戻そうとする．このとき円板には，図 10.6 に示すように点 O′ に向かう力 $F_k = \sqrt{(kx)^2 + (ky)^2}$ がはたらく．ここで，k はばね定数であり，図 10.5 の軸に対しては式 (10.2) で与えられる．円板にはたらく力は kx, ky だけである．円板の質量 m は重心の位置 $\mathrm{G}(x_G, y_G)$ に集中するので，円板の水平方向と上下方向の運動方程式は，次式となる．

$$-m\frac{\mathrm{d}^2 x_G}{\mathrm{d}t^2} - kx = 0, \qquad -m\frac{\mathrm{d}^2 y_G}{\mathrm{d}t^2} - ky = 0$$

$$\therefore\ m\frac{\mathrm{d}^2 x_G}{\mathrm{d}t^2} + kx = 0, \qquad m\frac{\mathrm{d}^2 y_G}{\mathrm{d}t^2} + ky = 0 \tag{10.9}$$

図 10.6 より，x_G, y_G は次式で与えられる．

$$x_G = x + e\cos\omega t, \qquad y_G = y + e\sin\omega t \tag{10.10}$$

式 (10.10) を時間 t で 2 回微分すれば，

$$\frac{\mathrm{d}^2 x_G}{\mathrm{d}t^2} = \frac{\mathrm{d}^2 x}{\mathrm{d}t^2} - e\omega^2 \cos\omega t, \qquad \frac{\mathrm{d}^2 y_G}{\mathrm{d}t^2} = \frac{\mathrm{d}^2 y}{\mathrm{d}t^2} - e\omega^2 \sin\omega t \tag{10.11}$$

となるので，この式を式 (10.9) に代入すれば，次式を得る．

$$m\left(\frac{\mathrm{d}^2 x}{\mathrm{d}t^2} - e\omega^2 \cos\omega t\right) + kx = 0, \qquad m\left(\frac{\mathrm{d}^2 y}{\mathrm{d}t^2} - e\omega^2 \sin\omega t\right) + ky = 0$$

$$\therefore\ m\frac{\mathrm{d}^2 x}{\mathrm{d}t^2} + kx = me\omega^2 \cos\omega t, \qquad m\frac{\mathrm{d}^2 y}{\mathrm{d}t^2} + ky = me\omega^2 \sin\omega t \tag{10.12}$$

式 (10.12) が，点 O の位置 (x, y) についての円板の運動方程式となる．式 (10.12) の

解を，次式で仮定する．
$$x = X\cos\omega t, \qquad y = Y\sin\omega t \tag{10.13}$$
ここで，X, Y は振幅である．式(10.13)を式(10.12)に代入すれば，次式を得る．
$$\left.\begin{array}{l}[mX(-\omega^2) + kX]\cos\omega t = me\omega^2 \cos\omega t \\ [mY(-\omega^2) + kY]\sin\omega t = me\omega^2 \sin\omega t\end{array}\right\} \tag{10.14}$$
式(10.14)が満たされるためには，X, Y は次式とならなければならない．
$$X = \frac{me\omega^2}{k - m\omega^2} = \frac{e\omega^2}{k/m - \omega^2} = \frac{e\omega^2}{\omega_n^2 - \omega^2}, \qquad Y = \frac{me\omega^2}{k - m\omega^2} = \frac{e\omega^2}{\omega_n^2 - \omega^2} \tag{10.15}$$
ここで，ω_n は次式で与えられる．
$$\omega_n = \sqrt{\frac{k}{m}} \tag{10.16}$$
式(10.15)を式(10.13)に戻せば，x, y は次式となる．
$$x = \frac{e\omega^2}{\omega_n^2 - \omega^2}\cos\omega t, \qquad y = \frac{e\omega^2}{\omega_n^2 - \omega^2}\sin\omega t \tag{10.17}$$
式(10.17)より，軸の回転角速度 ω が $\omega = \omega_n = \sqrt{k/m}$ のとき，x, y は無限大となる．ω_n は系の固有角振動数になるが，これを**危険角振動数** $\omega_c (=\omega_n)$ といってよい．1分間あたりの回転数 n_c [rpm] で表せば，危険速度は次式で与えられる．
$$n_c = \frac{60\omega_n}{2\pi} \tag{10.18}$$
式(10.17)を式(10.10)に代入して重心 (x_G, y_G) を求めれば，次式を得る．
$$\begin{array}{l}x_G = \dfrac{e\omega^2}{\omega_n^2 - \omega^2}\cos\omega t + e\cos\omega t = \dfrac{e\omega_n^2}{\omega_n^2 - \omega^2}\cos\omega t \\ y_G = \dfrac{e\omega^2}{\omega_n^2 - \omega^2}\sin\omega t + e\sin\omega t = \dfrac{e\omega_n^2}{\omega_n^2 - \omega^2}\sin\omega t\end{array} \tag{10.19}$$
式(10.17)と式(10.19)から，次式を得る．
$$\frac{y}{x} = \frac{\sin\omega t}{\cos\omega t}, \qquad \frac{y_G}{x_G} = \frac{\sin\omega t}{\cos\omega t} \qquad \therefore \frac{y}{x} = \frac{y_G}{x_G} \tag{10.20}$$
式(10.20)から，線分 O'O と線分 O'G は重なることがわかる．すなわち，線分 O'OG は一直線になる．

図 10.7 に，横軸に ω/ω_n をとって，式(10.15)の $X(=Y)$ の絶対値を偏心量 e で無次元化して示す．

式(10.17)と式(10.19)を比較すれば，$\omega/\omega_n < 1$ のときは，x, y の振幅も x_G, y_G の振幅も正である．このとき，x_G の振幅は x の振幅よりも大きく，y_G の振幅は y の

図 10.7

図 10.8

図 10.9

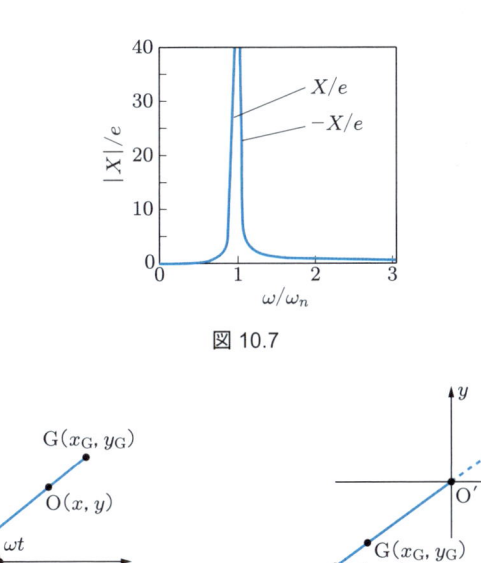

振幅よりも大きくなるので，重心 G は図 10.8 に示すように，中心 O よりも外側にくる．$1 < \omega/\omega_n$ のときは，x, y の振幅も x_G, y_G の振幅も負である．このとき，x_G の振幅の絶対値は x の振幅の絶対値よりも小さく，y_G の振幅の絶対値は y の振幅の絶対値よりも小さくなるので，重心 G は図 10.9 に示すように中心 O よりも内側にくることがわかる．

ただ，円板が軸の中央の位置に取り付けられた場合でも，円板の面が軸線 AB に垂直であるとは限らない．また，円板が A 端側か，B 端側にずれて取り付けられた場合は，確実に円板の面は軸線 AB に垂直にはならない．しかし本節では，このような円板の軸線 AB からのわずかな傾きを無視して危険速度について説明した．

例題 10.1 図 10.10 に示すように，長さ $l = 2.0$m の両端支持はりの中央に質量 $m = 30.0$ kg の円板がキーで止められている．この軸の危険速度を求めよ．ただし，軸のヤング率は $E = 206.0$ GPa，軸の直径 $d = 0.1$ m とする．

図 10.10

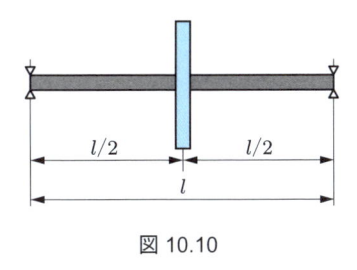

解答 危険角振動数を与える式(10.16)を再掲して，式(10.21)とする．

$$\omega_c = \sqrt{\frac{k}{m}} \tag{10.21}$$

ばね定数 k は，式(10.2)で $a = l/2$, $b = l/2$ として，次式となる．

$$k = \frac{6EIl}{ab(l^2 - b^2 - a^2)} = \frac{6EIl}{\frac{l}{2} \times \frac{l}{2}\left[l^2 - \left(\frac{l}{2}\right)^2 - \left(\frac{l}{2}\right)^2\right]}$$

$$= \frac{8 \times 6EIl}{l^4} = \frac{48EI}{l^3} \tag{10.22}$$

断面二次モーメント I は，次式で与えられる．

$$I = \frac{\pi}{64}d^4 \tag{10.23}$$

数値を代入していく．

$$I = \frac{\pi}{64}d^4 = \frac{\pi}{64}(0.1)^4 = 4.9087375 \times 10^{-6} \tag{10.24}$$

$$k = \frac{48EI}{l^3} = \frac{48 \times 206.0 \times 10^9 \times 4.9087375 \times 10^{-6}}{(2.0)^3}$$

$$= \frac{48 \times 206.0 \times 4.9087375}{(2.0)^3} \times 10^3 = 606799.55 \tag{10.25}$$

$$\omega_c = \sqrt{\frac{k}{m}} = \sqrt{\frac{606799.55}{30.0}} = 4266.613 \text{ rad/s} \tag{10.26}$$

危険角速度 ω_c を危険速度 n_c [rpm] で表せば，次式となる．

$$n_c = \frac{60 \times 4266.613}{2\pi} = 40743.153 = 40740 \text{ rpm} \tag{10.27}$$

10.4 危険速度で回転する軸の変位

軸が危険速度で回転すると機械は壊れてしまう．回転機械を使用する場合は，危険速度以上の回転数で回転させる場合もあるが，このときは，軸の変位が大きくならないうちに危険速度を通過させる必要がある．それでは，軸が危険速度で回転する場合は，変位はどのような式に従って増大するのであろうか．本節では，最初から軸が危険速度で回転すると仮定して，変位を求めてみる．

円板が回転している軸に取り付けられて角速度 ω で回転しているとき，点 O の位置である (x, y) の運動方程式は，式(10.12)で与えられる．この式を式(10.28)のように変形する．

$$\frac{d^2x}{dt^2} + \omega_n^2 x = e\omega^2 \cos\omega t, \quad \frac{d^2y}{dt^2} + \omega_n^2 y = e\omega^2 \sin\omega t \tag{10.28}$$

軸が危険角速度 $\omega = \omega_n (= \omega_c)$ で回転するときは，式(10.28)は次式となる．

$$\frac{\mathrm{d}^2 x}{\mathrm{d}t^2} + \omega_n^2 x = e\omega_n^2 \cos\omega_n t, \qquad \frac{\mathrm{d}^2 y}{\mathrm{d}t^2} + \omega_n^2 y = e\omega_n^2 \sin\omega_n t \qquad (10.29)$$

時刻 $t=0$ で変位も速度もゼロであると仮定すれば，初期条件は次式で与えられる．

$$x = 0 \quad (t=0) \tag{10.30a}$$
$$\dot{x} = 0 \quad (t=0) \tag{10.30b}$$
$$y = 0 \quad (t=0) \tag{10.30c}$$
$$\dot{y} = 0 \quad (t=0) \tag{10.30d}$$

式(10.29)の解として，

$$x = X\cos\omega_n t, \qquad y = Y\sin\omega_n t \tag{10.31}$$

という式を仮定した場合，式(10.30)のすべての式を満足させることができない．そこで，初期条件の式も考えて，式(10.29)の解を次式で仮定する．

$$x = At\sin\omega_n t \tag{10.32}$$
$$y = Bt\cos\omega_n t + C\sin\omega_n t \tag{10.33}$$

ここで，A, B, C は未定係数である．式(10.32)の微分式をつくる．

$$\dot{x} = A\sin\omega_n t + At\omega_n\cos\omega_n t, \qquad \ddot{x} = 2A\omega_n\cos\omega_n t - At\omega_n^2\sin\omega_n t$$
$$(10.34)$$

式(10.32)と式(10.34)から，x は初期条件の式である式(10.30a)と式(10.30b)を満たすことがわかる．式(10.32)と式(10.34)の二つ目の式を式10.29の一つ目の式に代入して，次式のように未定係数 A が決まる．

$$2A\omega_n\cos\omega_n t - At\omega_n^2\sin\omega_n t + A\omega_n^2 t\sin\omega_n t = e\omega_n^2\cos\omega_n t$$
$$\therefore\ A = \frac{e\omega_n}{2} \tag{10.35}$$

次に，式(10.33)の微分式をつくる．

$$\dot{y} = B\cos\omega_n t + Bt(-\omega_n)\sin\omega_n t + C\omega_n\cos\omega_n t$$
$$\ddot{y} = 2B(-\omega_n)\sin\omega_n t + Bt(-\omega_n^2)\cos\omega_n t - C\omega_n^2\sin\omega_n t \tag{10.36}$$

式(10.33)と式(10.36)の二つ目の式を式(10.29)の二つ目の式に代入して，次式のように未定係数 B が決まる．

$$2B(-\omega_n)\sin\omega_n t + Bt(-\omega_n^2)\cos\omega_n t$$
$$\quad - C\omega_n^2\sin\omega_n t + \omega_n^2 Bt\cos\omega_n t + \omega_n^2 C\sin\omega_n t = e\omega_n^2\sin\omega_n t$$
$$\therefore\ B = -\frac{e\omega_n}{2} \tag{10.37}$$

y は初期条件の式である式(10.30c)をすでに満たしている．初期条件の式である式(10.30d)を適用して，未定係数 C は次式のように決まる．

$$B + C\omega_n = 0 \quad \therefore \quad C = -\frac{1}{\omega_n}B = -\frac{1}{\omega_n} \times \frac{-e\omega_n}{2} = \frac{e}{2} \tag{10.38}$$

ゆえに，変位は次式のように決まる．

$$x = \frac{e\omega_n}{2}t\sin\omega_n t \tag{10.39}$$

$$y = -\frac{e\omega_n}{2}t\cos\omega_n t + \frac{e}{2}\sin\omega_n t \tag{10.40}$$

時刻 t の値が増大するときは，式(10.40)の変位 y の第1項は，時刻 t の増大とともに急速に大きくなるので第2項は無視できる．そこで，中心からの距離 r は次式で与えられる．

$$r = (x^2 + y^2)^{1/2} = \frac{e\omega_n}{2}t \tag{10.41}$$

中心からの距離 r が大きくならないうちに，回転速度 ω を上げて，危険角速度 ω_n を通過させてしまえば（すなわち，$\omega_n < \omega$ としてしまえば），円板の中心 O の座標 (x, y) は式(10.17)で与えられる．そこで，距離 r は式(10.17)から，次式で与えられる．

$$r = (x^2 + y^2)^{1/2} = \sqrt{\left(\frac{e\omega^2}{\omega_n^2 - \omega^2}\right)^2 \cos^2\omega t + \left(\frac{e\omega^2}{\omega_n^2 - \omega^2}\right)^2 \sin^2\omega t}$$

$$= \sqrt{\left(\frac{e\omega^2}{\omega_n^2 - \omega^2}\right)^2} \tag{10.42}$$

$\omega_n < \omega$ の場合を考えているので，式(10.42)のルートを開くとき，r は正にならなければならない．したがって，r は最終的に次式となる．

$$r = \sqrt{\left(\frac{e\omega^2}{\omega_n^2 - \omega^2}\right)^2} = \frac{e\omega^2}{\omega^2 - \omega_n^2} \tag{10.43}$$

練習問題

10.1 図10.11に示すように，直径 $d = 0.01$ m の軸 ACB の AC の長さは $a = 0.20$ m，CB の長さは $b = 0.10$ m であり，点 A と点 B は自動調心の軸受けで支えられている．軸 AB の点 C に質量 $m = 0.45$ kg の円板が取り付けられている．この軸の危険速度 n_c [rpm] を求めよ．ただし，軸のヤング率は $E = 206.0$ GPa とする．

図 10.11

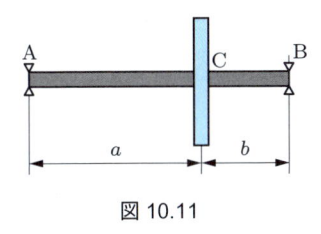

10.2 練習問題 10.1 の軸を危険角速度 ω_n で回転させる．円板の取り付け部の軸の変位が 0.02 m となるときの時間 τ [s] を求めよ．ただし，円板の中心から重心までの距離は $e = 0.00035$ m である．

付録 A ラプラス変換による解法

A.1 ラプラス変換

　質点系に $\sin\omega t$ や $\cos\omega t$ の形の外力や変位が与えられる場合は，運動方程式の解は，$\sin\omega t$ や $\cos\omega t$ の形を仮定すれば求めることができる．しかし，系に与えられる外力や変位が三角関数の形ではない場合は，外力や変位を**フーリエ級数**に展開して，個別の角振動数に対して解いて，あとで加え合わせて解を求めてもよい（任意関数のフーリエ級数の展開は簡単であるが，本書では述べない）．しかし，取り扱う問題によっては，ラプラス変換を用いたほうが簡単に解ける場合もある．ここでは，質点系の強制振動にラプラス変換を適用して解く手法について述べる．

　ラプラス変換は，微分方程式を解く手法であるが，質点系の運動方程式の場合は，図 A.1 に示すように，運動方程式と初期条件をラプラスの空間（**ラプラス像空間**という）に移して微分方程式を代数方程式に変える．その後，ラプラス像空間で解かれた代数方程式の解を物理空間に移動させれば，運動方程式と初期条件を満たす解が求められるという手法である．

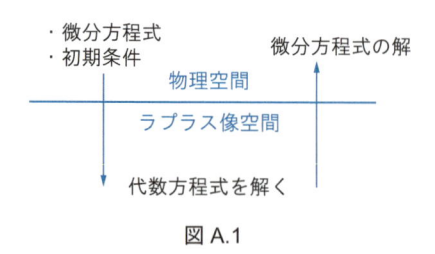

図 A.1

　関数 $f(t)$ をラプラス像空間の関数 $F(s)$ に移すためには，次の積分を実行すればよい．

$$F(s) = \int_0^\infty f(t)\exp(-st)\,\mathrm{d}t \tag{A.1}$$

ここで，s は複素数であるがとくに気にしなくてよい．式(A.1)を用いて物理空間の関数 $f(t)$ をラプラス像空間の関数 $F(s)$ に変換することを**ラプラス変換する**といい，$F(s)$ を $f(t)$ の**ラプラス変換**ともいう．すなわち，ラプラス変換といういい方はこの

両方を意味するので，やや曖昧に使われている．式(A.1)の $F(s)$ を $L[f(t)]$ で表す場合もある．

ラプラス像空間でのラプラス変換 $F(s)$ を物理空間の関数 $f(t)$ に戻すことを**ラプラス逆変換する**といい，このためには，次の積分を実行すればよい．

$$f(t) = \frac{1}{2\pi i} \int_{\rho-i\infty}^{\rho+i\infty} F(s) \exp st \, \mathrm{d}s \tag{A.2}$$

ここで，式(A.2)の複素積分の積分経路の ρ は一定値であり，十分大きな値であると理解しておいてよい．また，この積分経路を**ブロムウィッチ積分路**という．式(A.2)の積分を実行すれば，$F(s)$ は物理空間の $f(t)$ に戻る．この理由については，複素関数とディリクレの積分を学べば理解できるが，ここでは触れない．

ラプラス変換することは簡単である．しかし，ラプラス逆変換を式(A.2)の積分を実行して求めることは，一般に容易ではない．機械力学では多くの場合，ラプラス逆変換は式(A.2)を用いないで式(A.1)を用いるが，この手法については 2, 3 の問題を解けばすぐにわかる．

A.2　基礎関数のラプラス変換(その 1)

(1) 単位関数

図 A.2 に示すように，t が負のときにゼロで，t がゼロのとき 0.5 で，t が正のとき 1.0 となる関数を(ヘビサイドの)**単位関数**といい，通常 $h(t)$ で示す．すなわち，$h(t)$ は次式で与えられる．

$$h(t) = \begin{cases} 0 & (x < 0) \\ 0.5 & (x = 0) \\ 1.0 & (0 < x) \end{cases} \tag{A.3}$$

式(A.3)の単位関数をラプラス変換すると，次式を得る．

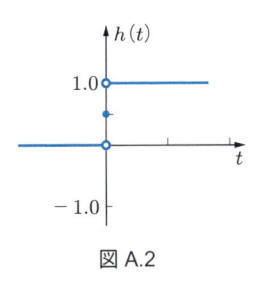

図 A.2

$$F(s) = \int_0^\infty 1.0 \times \exp(-st)\,dt = \left[\frac{1}{-s}\exp(-st)\right]_0^\infty = 0 - \left(\frac{1}{-s}\right) = \frac{1}{s} \tag{A.4}$$

（2）指数関数

指数関数 $\exp(-at)$ をラプラス変換すると，次式を得る．

$$\begin{aligned}F(s) &= \int_0^\infty \exp(-at) \times \exp(-st)\,dt = \int_0^\infty \exp[-(a+s)t]\,dt \\ &= \left[\frac{1}{-(a+s)}\exp[-(a+s)t]\right]_0^\infty = 0 - \frac{1}{-(a+s)} = \frac{1}{a+s}\end{aligned} \tag{A.5}$$

（3）双曲線関数

双曲線関数は次式で与えられる．

$$\sinh at = \frac{1}{2}[\exp at - \exp(-at)], \qquad \cosh at = \frac{1}{2}[\exp at + \exp(-at)] \tag{A.6}$$

そこで，式(A.5)を用いれば，容易に次式を得る．

$$\begin{aligned}L[\sinh at] &= \frac{1}{2}\left(\frac{1}{-a+s} - \frac{1}{a+s}\right) = \frac{1}{2}\left[\frac{(a+s)-(-a+s)}{(-a+s)(a+s)}\right] = \frac{a}{s^2-a^2} \\ L[\cosh at] &= \frac{1}{2}\left(\frac{1}{-a+s} + \frac{1}{a+s}\right) = \frac{1}{2}\left[\frac{(a+s)+(-a+s)}{(-a+s)(a+s)}\right] = \frac{s}{s^2-a^2}\end{aligned} \tag{A.7}$$

（4）三角関数

偏角が複素数となる指数関数 $\exp iat$ を三角関数で表せば，次式を得る．

$$\exp iat = \cos at + i\sin at \tag{A.8}$$

式(A.5)を再掲して，式(A.9)とする．

$$F(s) = \int_0^\infty \exp(-at) \times \exp(-st)\,dt = \frac{1}{a+s} \tag{A.9}$$

式(A.9)で $a \to -i\omega$ の置き換えを行えば，

$$F(s) = \int_0^\infty \exp i\omega t \times \exp(-st)\,dt = \frac{1}{-i\omega+s} \tag{A.10}$$

となるので，この式を整理して次式を得る．

$$F(s) = \int_0^\infty [\cos\omega t + i\sin\omega t]\exp(-st)\,dt$$

$$= \frac{1}{-i\omega + s} = \frac{s + i\omega}{(s - i\omega)(s + i\omega)} = \frac{s}{s^2 + \omega^2} + i\frac{\omega}{s^2 + \omega^2} \quad \text{(A.11)}$$

したがって，次式を得る．

$$L[\cos \omega t] = \frac{s}{s^2 + \omega^2}, \qquad L[\sin \omega t] = \frac{\omega}{s^2 + \omega^2} \quad \text{(A.12)}$$

A.3　移動定理

関数 $f(t)$ のラプラス変換 $F(s)$ は，式(A.1)で計算された．式(A.1)を再掲して，式(A.13)とする．

$$\int_0^\infty f(t) \exp(-st)\,\mathrm{d}t = F(s) \quad \text{(A.13)}$$

式(A.13)で $s \to s + a$ と置き換えれば，次式を得る．

$$\int_0^\infty f(t) \exp[-(s+a)t]\,\mathrm{d}t = \int_0^\infty \exp(-at)f(t)\exp(-st)\,\mathrm{d}t = F(s+a) \quad \text{(A.14)}$$

式(A.13)と式(A.14)より，関数 $f(t)$ のラプラス変換 $F(s)$ がわかっている場合は，$\exp(-at)f(t)$ のラプラス変換は，計算しなくても $F(s+a)$ で与えられることがわかる．これを移動定理という．

A.4　微分式のラプラス変換

関数 $f(t)$ の微分式 $\mathrm{d}f(t)/\mathrm{d}t$ をラプラス変換した場合，微分が消えてしまう．このため，微分方程式はラプラス像空間では代数方程式になる．ここにラプラス変換の魅力がある．微分式のラプラス変換を求めるためには，次の部分積分の公式を用いる．

$$\int_0^\infty f(t)g(t)\,\mathrm{d}t = \left[f(t)\int g(t)\,\mathrm{d}t\right]_0^\infty - \int_0^\infty \left[f'(t)\int g(t)\,\mathrm{d}t\right]\mathrm{d}t \quad \text{(A.15)}$$

式(A.15)を用いて $\mathrm{d}f(t)/\mathrm{d}t$ をラプラス変換すれば，次式となる．

$$\begin{aligned}
\int_0^\infty \frac{\mathrm{d}f(t)}{\mathrm{d}t}\exp(-st)\,\mathrm{d}t &= \left[\exp(-st)\int \frac{\mathrm{d}f(t)}{\mathrm{d}t}\mathrm{d}t\right]_0^\infty \\
&\quad - \int_0^\infty \left[(-s)\exp(-st)\int \frac{\mathrm{d}f(t)}{\mathrm{d}t}\mathrm{d}t\right]\mathrm{d}t \\
&= \left[\exp(-st)f(t)\right]_0^\infty - (-s)\int_0^\infty [\exp(-st)f(t)]\,\mathrm{d}t \\
&= [0 \times f(\infty) - 1 \times f(0)] - (-s)F(s) \quad \text{(A.16)}
\end{aligned}$$

一般に，物理量は時間が経てば一定値になるので，$f(\infty)$ は有限値になる．そこで，式(A.16)より，

$$L[f'(t)] = sF(s) - f(0) \tag{A.17}$$

となる．同様に，部分積分の公式を繰り返して用いて計算すれば，次式を得る．

$$L[f''(t)] = s^2 F(s) - sf(0) - f'(0) \tag{A.18}$$

$$L[f^n(t)] = s^n F(s) - s^{n-1} f(0) \cdots - sf^{n-2}(0) - f^{n-1}(0) \tag{A.19}$$

A.5　基礎関数のラプラス変換（その2）

（1）指数関数と三角関数の積

式(A.12)に移動定理を適用すれば，次式を得る．

$$L[\exp(-at)\cos\omega t] = \frac{s+a}{(s+a)^2+\omega^2}, \quad L[\exp(-at)\sin\omega t] = \frac{\omega}{(s+a)^2+\omega^2} \tag{A.20}$$

（2）サインインパルス関数

図 A.3 に示すように，$0 < t < \pi/\omega$ に対してのみ $f(t) = \sin\omega t$ が与えられる関数を**サインインパルス**という．サインインパルスを式で与えれば，次式のようになる．

$$f(t) = \begin{cases} \sin\omega t & \left(0 < t < \dfrac{\pi}{\omega}\right) \\ 0 & \left(t \geq \dfrac{\pi}{\omega}\right) \end{cases} \tag{A.21}$$

サインインパルスのラプラス変換 $F(s)$ を求めてみる．

$$F(s) = \int_0^\infty f(t)\exp(-st)\,\mathrm{d}t = \int_0^{\pi/\omega} \sin\omega t \exp(-st)\,\mathrm{d}t \tag{A.22}$$

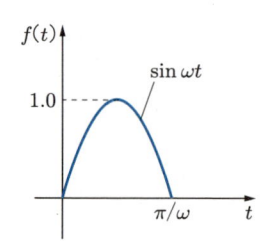

図 A.3

部分積分を適用すれば，

$$
\int_0^{\pi/\omega} \sin\omega t \exp(-st)\,\mathrm{d}t
$$
$$
= \left[\exp(-st)\frac{1}{-\omega}\cos\omega t\right]_0^{\pi/\omega} - \int_0^{\pi/\omega}(-s)\exp(-st)\frac{1}{-\omega}\cos\omega t\,\mathrm{d}t
$$
$$
= \frac{1}{\omega}\exp\left(-\frac{\pi}{\omega}s\right) + \frac{1}{\omega} - \frac{s}{\omega}\int_0^{\pi/\omega}\cos(\omega t)\exp(-st)\,\mathrm{d}t \tag{A.23}
$$

となり，式(A.23)の最後の積分に部分積分を適用すると，次式を得る．

$$
\int_0^{\pi/\omega}\cos\omega t \exp(-st)\,\mathrm{d}t
$$
$$
= \left[\exp(-st)\frac{1}{\omega}\sin\omega t\right]_0^{\pi/\omega} - \int_0^{\pi/\omega}(-s)\exp(-st)\frac{1}{\omega}\sin\omega t\,\mathrm{d}t
$$
$$
= 0 - 0 + \frac{s}{\omega}\int_0^{\pi/\omega}\sin\omega t\exp(-st)\,\mathrm{d}t \tag{A.24}
$$

表 A.1　ラプラス変換表

もとの関数	ラプラス変換
$h(t)$	$\dfrac{1}{s}$
$\exp(-at)$	$\dfrac{1}{a+s}$
$\sinh at$	$\dfrac{a}{s^2-a^2}$
$\cosh at$	$\dfrac{s}{s^2-a^2}$
$\cos\omega t$	$\dfrac{s}{s^2+\omega^2}$
$\sin\omega t$	$\dfrac{\omega}{s^2+\omega^2}$
$\exp(-at)f(t)$	$F(s+a)$
$f'(t)$	$sF(s)-f(0)$
$f''(t)$	$s^2F(s)-sf(0)-f'(0)$
$f^n(t)$	$s^nF(s)-s^{n-1}f(0)\cdots-sf^{n-2}(0)-f^{n-1}(0)$
$f(t)=\begin{cases}\sin\omega t & (0<t<\pi/\omega)\\ 0 & (t\geq\pi/\omega)\end{cases}$	$\dfrac{\omega}{\omega^2+s^2}\left[1+\exp\left(-\dfrac{\pi}{\omega}s\right)\right]$
$\exp(-at)\cos\omega t$	$\dfrac{s+a}{(s+a)^2+\omega^2}$
$\exp(-at)\sin\omega t$	$\dfrac{\omega}{(s+a)^2+\omega^2}$

いま，
$$\int_0^{\pi/\omega} \sin\omega t \exp(-st)\,dt = Z \tag{A.25}$$
とおけば，式(A.23)と式(A.24)から，次式を得る．

$$Z = \frac{1}{\omega}\exp\left(-\frac{\pi}{\omega}s\right) + \frac{1}{\omega} - \frac{s}{\omega}\times\frac{s}{\omega}Z, \quad Z\left(1+\frac{s^2}{\omega^2}\right) = \frac{1}{\omega}\exp\left(-\frac{\pi}{\omega}s\right) + \frac{1}{\omega}$$

$$Z\frac{\omega^2+s^2}{\omega^2} = \frac{1}{\omega}\exp\left(-\frac{\pi}{\omega}s\right) + \frac{1}{\omega}, \quad Z = \frac{\omega}{\omega^2+s^2}\left[1+\exp\left(-\frac{\pi}{\omega}s\right)\right]$$

$$\therefore \int_0^{\pi/\omega} \sin\omega t \exp(-st)\,dt = Z = \frac{\omega}{\omega^2+s^2}\left[1+\exp\left(-\frac{\pi}{\omega}s\right)\right] \tag{A.26}$$

A.2節からA.5節までのラプラス変換の計算式を，表A.1にまとめておく．

A.6　ラプラス逆変換のための式の変形

　ラプラス変換の専門書には，多くの関数のラプラス変換の変換表が与えられているが，機械力学の授業で取り扱う運動方程式に対しては，表A.1で十分である．さて，表A.1を用いてラプラス逆変換する場合，逆変換する前に，$F(s)$の形を変えておく必要があるので，本節ではこの点について述べる．

　ラプラス変換 $F(s)$ が式(A.27)のように与えられたとき，ラプラス逆変換することを考える．

$$F(s) = \frac{s^2+2s-12}{s(s+2)(s-3)} \tag{A.27}$$

まず，$F(s)$を次のように部分分数に分解する．

$$F(s) = \frac{s^2+2s-12}{s(s+2)(s-3)} = \frac{A}{s} + \frac{B}{s+2} + \frac{C}{s-3} \tag{A.28}$$

ここで，A, B, Cは一定値である．式(A.28)の右辺を通分すると，次式を得る．

$$\begin{aligned}F(s) &= \frac{s^2+2s-12}{s(s+2)(s-3)} = \frac{A}{s} + \frac{B}{s+2} + \frac{C}{s-3}\\ &= \frac{A(s+2)(s-3) + Bs(s-3) + Cs(s+2)}{s(s+2)(s-3)}\\ &= \frac{s^2(A+B+C) + s(-A-3B+2C) + (-6A)}{s(s+2)(s-3)}\end{aligned} \tag{A.29}$$

式(A.29)の最初の表示式と最後の表示式を比較すると，

$$A+B+C = 1, \quad -A-3B+2C = 2, \quad -6A = -12 \tag{A.30}$$

となるので，A, B, Cは次式のように決まる．

$$A = 2, \quad B = -1.2, \quad C = 0.2 \tag{A.31}$$

これらを式(A.28)に戻して

$$F(s) = \frac{s^2 + 2s - 12}{s(s+2)(s-3)} = \frac{2}{s} - \frac{1.2}{s+2} + \frac{0.2}{s-3} \tag{A.32}$$

とすれば，表 A.1 を用いて次式のように逆変換できる．

$$f(t) = 2 - 1.2\exp(-2t) + 0.2\exp 3t \tag{A.33}$$

注意：$F(s)$ の分母がたとえば $(s+3.6)^2$ となった場合は，部分分数に分解する形が少し異なってくるが，ここでは触れない．

例題 A.1 次の関数 $F(s)$ をラプラス逆変換せよ．

$$F(s) = \frac{3s + 7}{5s^2 + 15s + 20} \tag{A.34}$$

解答 表 A.1 で与えられている形を利用できるように，$F(s)$ の分母の平方の形を次式のように完成させる．

$$\begin{aligned}F(s) &= \frac{3s+7}{5s^2+15s+20} = \frac{1}{5} \times \frac{3s+7}{s^2+3s+4} \\ &= \frac{1}{5} \times \frac{3s+7}{s^2+3s+(1.5)^2+4-(1.5)^2} = \frac{1}{5} \times \frac{3s+7}{(s+1.5)^2+1.75}\end{aligned} \tag{A.35}$$

式(A.35)のように分母の平方を完成させれば，あとは分子を分けて表 A.1 を使えるように整理するだけである．

$$\begin{aligned}F(s) &= \frac{1}{5} \times \frac{3s+7}{(s+1.5)^2+1.75} = \frac{1}{5} \times \frac{3(s+1.5)+7-3\times 1.5}{(s+1.5)^2+(\sqrt{1.75})^2} \\ &= \frac{3}{5} \times \frac{s+1.5}{(s+1.5)^2+(\sqrt{1.75})^2} + \frac{2.5}{5\times\sqrt{1.75}} \times \frac{\sqrt{1.75}}{(s+1.5)^2+(\sqrt{1.75})^2}\end{aligned} \tag{A.36}$$

式(A.36)のように変形すれば，表 A.1 を用いて次のようにラプラス逆変換できる．

$$f(t) = \frac{3}{5} \times \exp(-1.5t)\cos\sqrt{1.75}t + \frac{2.5}{5\times\sqrt{1.75}} \times \exp(-1.5t)\sin\sqrt{1.75}t \tag{A.37}$$

A.7 運動方程式のラプラス変換による解法

図 A.4 に示すように，剛体床に置かれた質量 m の物体が，右端にばね定数 k のばねと粘性減衰係数 c のダッシュポットを介して右端の剛性壁に連結されている．この

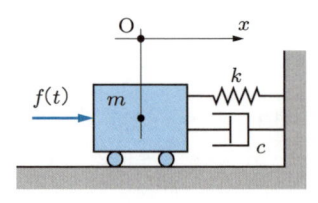

図 A.4

物体の左側に，式(A.38)で与えられる荷重がはたらく．

$$f(t) = P_0 \exp(-at) \tag{A.38}$$

この物体の変位を求めてみる．ただし，荷重がはたらく直前までは物体は静止している．

図 A.4 に示すように x 座標を採用する．物体が x だけ変位したとすれば，物体の運動方程式は次式で与えられる．

$$-m\ddot{x} - c\dot{x} - kx + f(t) = 0$$
$$\therefore\ m\ddot{x} + c\dot{x} + kx = f(t) \tag{A.39}$$

初期条件は，$x(0) = 0$, $x'(0) = 0$ を考えて式(A.39)をラプラス変換すれば，次式となる．

$$m[s^2 X(s) - sx(0) - x'(0)] + c[sX(s) - x(0)] + kX(s) = \frac{P_0}{(s+a)}$$

$$X(s)(ms^2 + cs + k) = \frac{P_0}{s+a}, \quad X(s) = \frac{P_0}{(ms^2 + cs + k)(s+a)}$$

$$X(s) = \frac{P_0}{m} \frac{1}{[s^2 + (c/m)s + k/m](s+a)} \tag{A.40}$$

式(5.33)，(5.41)で変数を次のように定義した．

- 非減衰固有角振動数：$\omega_n = \sqrt{k/m}$
- 臨界減衰係数：$c_c = 2m\sqrt{k/m} = 2m\omega_n$
- 減衰比：$\zeta = c/c_c$
- 減衰固有角振動数：$\omega_d = \sqrt{(1-\zeta^2)}\omega_n$, $c/m = 2\zeta\omega_n$

これらの関係式を用いて，式(A.40)の分数を部分分数で表していく．

$$\frac{1}{[s^2 + (c/m)s + k/m](s+a)} = \frac{1}{[s^2 + 2\zeta\omega_n s + \omega_n^2](s+a)}$$
$$= \frac{1}{[(s+\zeta\omega_n)^2 + \omega_d^2](s+a)} = \frac{A}{s+a} + \frac{Bs+C}{(s+\zeta\omega_n)^2 + \omega_d^2}$$

$$
\begin{aligned}
&= \frac{1}{[(s+\zeta\omega_n)^2 + \omega_d^2](s+a)} \{A[(s+\zeta\omega_n)^2 + \omega_d^2] + Bs(s+a) + C(s+a)\} \\
&= \frac{1}{[(s+\zeta\omega_n)^2 + \omega_d^2](s+a)} \\
&\quad \times [s^2(A+B) + s(A \times 2\zeta\omega_n + Ba + C) + A(\zeta^2\omega_n^2 + \omega_d^2) + Ca] \quad (A.41)
\end{aligned}
$$

ここで，$\zeta^2\omega_n^2 + \omega_d^2$ を計算して整理すると，

$$\zeta^2\omega_n^2 + \omega_d^2 = \zeta^2\omega_n^2 + \omega_n^2 - \zeta^2\omega_n^2 = \omega_n^2 \tag{A.42}$$

となる．これを用いて式(A.41)の両辺を比較して次式を得る．

$$A + B = 0, \quad A \times 2\zeta\omega_n + Ba + C = 0, \quad A\omega_n^2 + Ca = 1 \tag{A.43}$$

これを解けば，次のようになる．

$$A = \frac{1}{\omega_n^2 - 2\zeta\omega_n a + a^2}, \quad B = \frac{-1}{\omega_n^2 - 2\zeta\omega_n a + a^2}, \quad C = \frac{-2\zeta\omega_n + a}{\omega_n^2 - 2\zeta\omega_n a + a^2} \tag{A.44}$$

式(A.44)の A, B, C には，ラプラス変換のパラメータ s が含まれていないので，必要となるまで代入しないことにする．式(A.40)を A, B, C で表せば，次式となる．

$$X(s) = \frac{P_0}{m} \frac{1}{[s^2 + (c/m)s + k/m](s+a)} = \frac{P_0}{m}\left[\frac{A}{s+a} + \frac{Bs+C}{(s+\zeta\omega_n)^2 + \omega_d^2}\right] \tag{A.45}$$

式(A.45)をラプラス逆変換できる形に整える．

$$
\begin{aligned}
X(s) &= \frac{P_0}{m}\left[\frac{A}{s+a} + \frac{Bs+C}{(s+\zeta\omega_n)^2 + \omega_d^2}\right] \\
&= \frac{P_0}{m}\left[A\frac{1}{s+a} + B\frac{s+\zeta\omega_n}{(s+\zeta\omega_n)^2 + \omega_d^2} \right. \\
&\quad \left. - B\frac{\zeta\omega_n}{\omega_d}\frac{\omega_d}{(s+\zeta\omega_n)^2 + \omega_d^2} + C\frac{1}{\omega_d}\frac{\omega_d}{(s+\zeta\omega_n)^2 + \omega_d^2}\right] \quad (A.46)
\end{aligned}
$$

表A.1を用いてラプラス逆変換すれば，次式を得る．

$$
\begin{aligned}
x(t) = \frac{P_0}{m}\Bigl[& A\exp(-at) + B\exp(-\zeta\omega_n t)\cos\omega_d t \\
& - B\frac{\zeta\omega_n}{\omega_d}\exp(-\zeta\omega_n t)\sin\omega_d t + C\frac{1}{\omega_d}\exp(-\zeta\omega_n t)\sin\omega_d t\Bigr] \quad (A.47)
\end{aligned}
$$

式(A.47)の $x(t)$ はコンピュータを用いて計算するので，式(A.44)の A, B, C を式(A.47)に代入する必要はない．

> **注意**：式(A.47)の解を求めるとき，$\zeta < 1.0$ の条件は付けられていないので，$1.0 < \zeta$ の場合に対しても有効となる．ただし，数値計算する際は複素計算を行う必要があるが，少しも難しくない．

練習問題

A.1 図 A.5 に示すように，床に固定されたせん断ばねの上端に質量 M の小物体が取り付けられている．この物体に水平方向から質量 m の弾丸を速度 v_0 で撃ったら，衝突後，弾丸は物体に入って止まった．衝突後の物体の変位を求めよ．ただし，せん断ばねのばね定数を k とする．

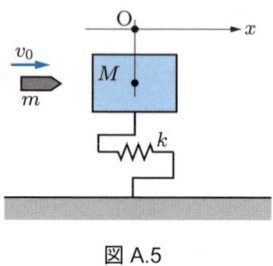

図 A.5

付録 B 機械力学でよく用いられる数学公式

（1）三角関数

$$\sin(\alpha \pm \beta) = \sin\alpha\cos\beta \pm \cos\alpha\sin\beta, \qquad \sin 2\alpha = 2\sin\alpha\cos\alpha \tag{B.1}$$

$$\cos(\alpha \pm \beta) = \cos\alpha\cos\beta \mp \sin\alpha\sin\beta, \qquad \cos 2\alpha = \cos^2\alpha - \sin^2\alpha \tag{B.2}$$

$$\sin^2\alpha + \cos^2\alpha = 1, \qquad \tan\alpha = \frac{\sin\alpha}{\cos\alpha} \tag{B.3}$$

（2）級数展開

x を微小量とする．

$$e^x = 1 + \frac{x}{1!} + \frac{x^2}{2!} + \frac{x^3}{3!} + \cdots \tag{B.4}$$

$$\sin x = \frac{x}{1!} - \frac{x^3}{3!} + \frac{x^5}{5!} + \cdots \tag{B.5}$$

$$\cos x = 1 - \frac{x^2}{2!} + \frac{x^4}{4!} + \cdots \tag{B.6}$$

$$\sqrt{1+x} = 1 + \frac{1}{2}x - \frac{1}{8}x^2 + \frac{1}{16}x^3 - \cdots \tag{B.7}$$

（3）オイラーの公式

$$e^{ix} = \cos x + i\sin x \tag{B.8}$$

e は定数であり，$e = 2.71828\cdots$ である．

（4）対数の意味と公式

$\log_e y = x$ は $e^x = y$ と同じ意味．$\log_e y$ は底 e を省略して $\log y$ と書く．e^x は $\exp x$ と書いてもよい．

$$\log e^x = x, \qquad e^{\log x} = x \tag{B.9}$$

（5）微分

$$(\sin t)' = \cos t, \qquad (\cos t)' = -\sin t \tag{B.10}$$

$$(\sin at)' = \frac{d\sin at}{dt} = a\cos at, \qquad (\cos at)' = \frac{d\cos at}{dt} = -a\sin at \tag{B.11}$$

$$(e^t)' = e^t, \qquad (e^{at})' = ae^{at} \tag{B.12}$$

（6）積分の公式

$$\int x^n \, dx = \frac{1}{n+1} x^{n+1} + C \quad (n \neq -1) \tag{B.13}$$

$$\int \sin ax \, dx = -\frac{1}{a} \cos ax + C \tag{B.15}$$

$$\int \cos ax \, dx = \frac{1}{a} \sin ax + C \tag{B.16}$$

（7）部分積分の公式

$$\int f(t)g(t) \, dt = f(t) \int g(t) \, dt - \int f'(t) \int g(t) \, dt dt + C \tag{B.17}$$

（8）べき乗の計算

$$e^x \times e^y = e^{x+y}, \qquad \frac{1}{e^x} = e^{-x}, \qquad e^x = \frac{1}{e^{-x}},$$

$$\frac{e^x}{e^y} = e^x \times e^{-y} = e^{x-y} \tag{B.18}$$

$$(e^x)^3 = e^{3x}, \qquad (e^x)^a = e^{ax}, \qquad (e^{-3x})^b = e^{-3bx} \tag{B.19}$$

練習問題解答

第 1 章

1.1 図 1.16 に示すように (X, Y, Z) 座標と (x, y, z) 座標を採用する．平行軸の定理を適用すれば，次式を得る．
$$J = M \times \left(\frac{d}{2}\right)^2 + J_Z \quad \text{①}$$
重心を通る Z 軸まわりの慣性モーメント J_Z は，例題 1.2 の式 (1.12) の変数を変えれば，
$$J_Z = \frac{\pi \rho t}{2}\left(\frac{d}{2}\right)^4 = \rho \frac{\pi d^2}{4} \times t \times \frac{1}{2}\left(\frac{d}{2}\right)^2 \quad \text{②}$$
となる．質量 M は次式で計算される．
$$M = \rho \frac{\pi d^2}{4} \times t \quad \text{③}$$
式②と式③を式①に代入して，次式を得る．
$$\begin{aligned}
J &= \rho \frac{\pi d^2}{4} \times t \times \left(\frac{d}{2}\right)^2 + \rho \frac{\pi d^2}{4} \times t \times \frac{1}{2}\left(\frac{d}{2}\right)^2 \\
&= \rho \frac{\pi d^2}{4} \times t \times \left(\frac{d}{2}\right)^2 \left(1 + \frac{1}{2}\right) = \frac{\rho \pi t d^4}{16} \times \frac{3}{2} = \frac{3 \rho \pi t d^4}{32}
\end{aligned}$$

第 2 章

2.1 系のばね定数は k であるので，mg の力がはたらいてばねが λ 伸びるとすれば，次式を得る．
$$mg = k\lambda \quad \therefore \quad k = \frac{mg}{\lambda} \quad \text{①}$$
式 (2.8)′に式①を代入して次式となる．
$$\omega_n = \sqrt{\frac{k}{m}} = \sqrt{\frac{mg/\lambda}{m}} = \sqrt{\frac{g}{\lambda}} \quad \text{②}$$
式②に与えられている数値を代入して次式を得る．
$$\omega_n = \sqrt{\frac{g}{\lambda}} = \sqrt{\frac{9.80}{0.0034}} = 53.68755 = 53.69 \text{ rad/s}$$
したがって，周期 T と固有振動数 f は次式となる．
$$T = \frac{2\pi}{\omega_n} = \frac{2\pi}{53.68755} = 0.1170324 = 0.1170 \text{ s}$$
$$n = \frac{\omega_n}{2\pi} = \frac{53.68755}{2\pi} = 8.5446389 = 8.545 \text{ 1/s}$$

2.2 この系の変位 x は，次式で与えられる．

$$x = 0.35 \sin 81.22t$$

式①を時間で微分して，次式を得る．

$$\left. \begin{array}{l} \dot{x} = 0.35 \times 81.22 \cos 81.22t = 28.427 \cos 81.22t \\ \ddot{x} = -0.35 \times (81.22)^2 \sin 81.22t = -2308.84094 \sin 81.22t \end{array} \right\} \quad ①$$

$\dot{x}$ は $\cos 81.22t = 1.0$ のときに最大値をもち，$\ddot{x}$ は $\sin 81.22t = -1.0$ のときに最大値をもつので，最大速さ $\dot{x}|_{\max}$ と最大加速度 $\ddot{x}|_{\max}$ はそれぞれ次式となる．

$$\dot{x}|_{\max} = 28.43 \text{ m/s}, \qquad \ddot{x}|_{\max} = 2309 \text{ m/s}^2$$

注意：$\dot{x}$ は $\mathrm{d}x/\mathrm{d}t$ を示し，$\ddot{x}$ は $\mathrm{d}^2x/\mathrm{d}t^2$ を示す．

2.3 図 2.7 に示すように x 座標を採用する．解図 2.1 に示すように，物体が下方に x だけ変位したとすると，ばね定数 k_3 のばねによって物体は上方に力 T で引かれるので，運動方程式は次式で与えられる．

$$-T - m\frac{\mathrm{d}^2x}{\mathrm{d}t^2} = 0 \qquad \therefore \quad m\frac{\mathrm{d}^2x}{\mathrm{d}t^2} + T = 0 \qquad ①$$

仮に $k_2 < k_1$ であるとすれば，k_2 のばねの伸び λ_2 は k_1 のばねの伸び λ_1 よりも大きくなるので，剛性棒 ACB は，解図 2.2 のように線分 A'C'B' に移動する．$\overline{\mathrm{AC}} = \overline{\mathrm{CB}}$ なので，点 C を下方に引く力 T は，k_2 のばねを $T/2$ の力で，k_1 のばねを $T/2$ の力で引く（実際には，剛性棒 A'C'B' を切り出してはたらいている力を描き，上下方向の力のつり合い式と点 C' まわりのモーメントのつり合い式から求められる）．そこで，ばねについてのフックの法則より，次式を得る．

$$\frac{1}{2}T = k_1\lambda_1, \qquad \frac{1}{2}T = k_2\lambda_2, \qquad T = k_3\lambda_3 \qquad ②$$

ここで，λ_3 は k_3 のばねの伸びである．解図 2.2 より $\overline{\mathrm{CC'}} = (\lambda_1 + \lambda_2)/2$ となるので，次式を得る．

$$x = \lambda_3 + \frac{\lambda_1 + \lambda_2}{2} \qquad \therefore \quad \lambda_3 = x - \frac{\lambda_1 + \lambda_2}{2} \qquad ③$$

式②の三つ目の式に式③を代入して，次式を得る．

$$T = k_3\left(x - \frac{\lambda_1 + \lambda_2}{2}\right) \qquad ④$$

式④に，式②の一つ目の式と二つ目の式を代入して，

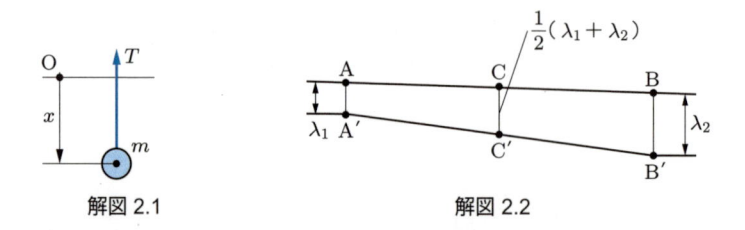

解図 2.1

解図 2.2

$$T = k_3 \left(x - \frac{1}{2} \times \frac{1}{2k_1} T - \frac{1}{2} \times \frac{1}{2k_2} T \right) \qquad ⑤$$

となり，式⑤を整理して，

$$T = \frac{4k_1 k_2 k_3}{4k_1 k_2 + k_2 k_3 + k_3 k_1} x$$

となる．この式を式①に代入して，

$$m \frac{d^2 x}{dt^2} + \frac{4k_1 k_2 k_3}{4k_1 k_2 + k_2 k_3 + k_3 k_1} x = 0 \quad \therefore \quad \frac{d^2 x}{dt^2} + \frac{4k_1 k_2 k_3}{m(4k_1 k_2 + k_2 k_3 + k_3 k_1)} x = 0$$

となる．よって，固有角振動数 ω_n は次式で与えられる．

$$\omega_n = \sqrt{\frac{4k_1 k_2 k_3}{m(4k_1 k_2 + k_2 k_3 + k_3 k_1)}}$$

これに数値を代入して，次の結果を得る．

$$\omega_n = \sqrt{\frac{4 \times 7000 \times 3800 \times 9000}{20(4 \times 7000 \times 3800 + 3800 \times 9000 + 9000 \times 7000)}} = 15.34 \text{ rad/s}$$

2.4 図 2.8 に示すように x 座標を採用する．物体が下方に x だけ変位したとすると，運動方程式は次式で与えられる．

$$-T - m \frac{d^2 x}{dt^2} = 0 \quad \therefore \quad m \frac{d^2 x}{dt^2} + T = 0 \qquad ①$$

ここで，T はばね定数 k_1 のばねが物体を引く力である．**解図 2.3** に示すように，AB が反時計方向に微小角 θ だけ回転して A'B となったとすれば，$\overline{AA'}$ と $\overline{CC'}$ は次式で与えられる．

$$\overline{AA'} = (a+b)\tan\theta \approx (a+b)\theta, \qquad \overline{CC'} = b\tan\theta \approx b\theta$$

点 C は $b\theta$ だけ下方に下がるので，ばね定数 k_2 のばねは $b\theta$ だけ圧縮される．そのため，棒の点 C' は $k_2 \times b\theta$ の力で上方に押される．点 B まわりのモーメントのつり合いを考えれば，次式を得る（T はばねを引く力であるので，物体を上方に引く．また，棒の点 A を下に引く力にもなる）．

$$T \times (a+b) - k_2 b\theta \times b = 0 \quad \therefore \quad T = \frac{b^2 k_2}{a+b} \theta \qquad ②$$

変位 x は，AA' の長さ $(a+b)\theta$ に，ばね定数 k_1 のばねの伸び T/k_1 を加えれば与えられるので，次式を得る（T はばねを引く力であるので，物体を上方に引く．棒の点 A を下に引く力にもなる）．

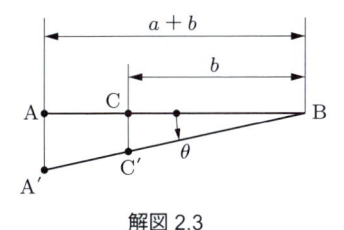

解図 2.3

$$x = (a+b)\theta + \frac{b^2 k_2}{k_1(a+b)}\theta = \frac{k_1(a+b)^2 + b^2 k_2}{k_1(a+b)}\theta$$

$$\therefore \theta = \frac{k_1(a+b)}{k_1(a+b)^2 + b^2 k_2} x \qquad ③$$

式③を式②に代入して,

$$T = \frac{b^2 k_2}{a+b} \times \frac{k_1(a+b)}{k_1(a+b)^2 + b^2 k_2} x = \frac{k_1 k_2 b^2}{k_1(a+b)^2 + b^2 k_2} x \qquad ④$$

となり,式④を式①に代入して,

$$m\frac{d^2 x}{dt^2} + \frac{k_1 k_2 b^2}{k_1(a+b)^2 + b^2 k_2} x = 0 \qquad \therefore \frac{d^2 x}{dt^2} + \frac{k_1 k_2 b^2}{m[k_1(a+b)^2 + b^2 k_2]} x = 0$$

となる.よって,固有角振動数 ω_n は次式で与えられる.

$$\omega_n = \sqrt{\frac{k_1 k_2 b^2}{m[k_1(a+b)^2 + b^2 k_2]}} \qquad ⑤$$

与えられている数値を式⑤に代入して計算すれば,固有角振動数 ω_n は次のように求められる.

$$\omega_n = \sqrt{\frac{22000 \times 14000 \times 2.8^2}{50[22000 \times (0.4+2.8)^2 + 2.8^2 \times 14000]}} = 12.01 \text{ rad/s}$$

2.5 解図 2.4(a) に示すように x 座標を採用する.物体が解図 2.4(a) に示すように,右方に x だけ変位して点 C′ に達したとする.∠CAC′ $= \theta_1$, ∠CBC′ $= \theta_2$ とすれば,次式が成立する.

$$\tan \theta_1 = \frac{x}{a}, \qquad \tan \theta_2 = \frac{x}{b}$$

変位は微小なので,角度 θ_1, θ_2 は微小となり,次式が成立する.

$$\theta_1 \approx \tan \theta_1 = \frac{x}{a}, \qquad \theta_2 \approx \tan \theta_2 = \frac{x}{b}$$

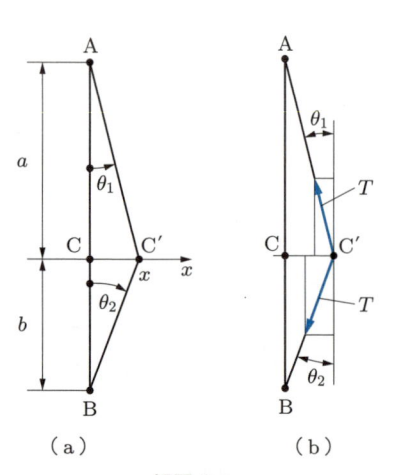

解図 2.4

$$\therefore \ \sin\theta_1 \approx \theta_1 \approx \tan\theta_1 = \frac{x}{a}, \quad \sin\theta_2 \approx \theta_2 \approx \tan\theta_2 = \frac{x}{b} \qquad ①$$

物体が上側のロープと下側のロープから引かれる力 T を水平方向と鉛直方向に分解すれば，解図 2.4(b) より，水平方向の左向きの力はそれぞれ $T\sin\theta_1$，$T\sin\theta_2$ となることがわかる．ゆえに，物体の運動方程式は次式となる．

$$-T\sin\theta_1 - T\sin\theta_2 - m\frac{d^2 x}{dt^2} = 0 \qquad ②$$

式②に式①を代入して，次式を得る．

$$-T\frac{x}{a} - T\frac{x}{b} - m\frac{d^2 x}{dt^2} = 0 \quad \therefore \ m\frac{d^2 x}{dt^2} + \left(\frac{1}{a} + \frac{1}{b}\right)Tx = 0$$

$$\therefore \ \frac{d^2 x}{dt^2} + \frac{(a+b)T}{mab}x = 0$$

ゆえに，固有角振動数 ω_n は次式で与えられる．

$$\omega_n = \sqrt{\frac{(a+b)T}{mab}}$$

第 3 章

3.1 板の点 A まわりの慣性モーメント J_A は，例題 1.1 の式 (1.9) で，$a=0$, $b=l$ として次式で与えられる．

$$J_A = \frac{\rho A l^3}{3} \qquad ①$$

解図 3.1 に示すように，板 ACB が反時計方向に θ だけ角変位して AC'B' になったとすれば，点 C は上側に $a\theta$ 移動し，B 端は上側に $l\theta$ 移動する．すなわち，上側のばねは $a\theta$ だけ縮められ，下側のばねは $l\theta$ だけ伸ばされる．板 AB には，解図 3.1 に示すように力がはたらくので，板の角運動方程式は次式となる．

$$-J_A \frac{d^2\theta}{dt^2} - k_1(a\theta) \times a - k_2(l\theta) \times l = 0$$

$$\therefore \ \frac{d^2\theta}{dt^2} + \frac{(k_1 a^2 + k_2 l^2)}{J_A}\theta = 0$$

ゆえに，固有角振動数 ω_n と周期 T は次式で与えられる．

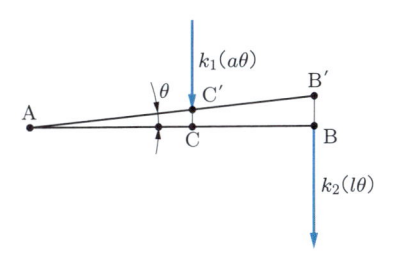

解図 3.1

$$\omega_n = \sqrt{\frac{k_1 a^2 + k_2 l^2}{J_A}}, \qquad T = \frac{2\pi}{\omega_n} = 2\pi \sqrt{\frac{J_A}{k_1 a^2 + k_2 l^2}} \qquad ②$$

式②に式①を代入して次式となる.

$$\omega_n = \sqrt{\frac{3(k_1 a^2 + k_2 l^2)}{\rho A l^3}}, \qquad T = \frac{2\pi}{\omega_n} = 2\pi \sqrt{\frac{\rho A l^3}{3(k_1 a^2 + k_2 l^2)}}$$

第 4 章

4.1 図 4.7(b) に示すように (x, y) 座標を採用する. 点 C に荷重 P がはたらいたときの $x = a$ での変位 y_C は,次式のように与えられている.

$$y_C = \frac{Pba}{6lEI}(l^2 - b^2 - a^2) \qquad \therefore P = \frac{6lEI}{ab(l^2 - b^2 - a^2)} y_C \qquad ①$$

ここで,b は次式の長さである.

$$b = l - a$$

式①より,点 C に荷重がはたらくときのばね定数 $k = P/y_C$ は,次式で与えられる.

$$k = \frac{6lEI}{ab(l^2 - b^2 - a^2)}$$

質量 m の物体を点 C に接着したとき,解図 4.1 に示すように z 座標を採用する. 物体が下向きに z だけ変位したとき,質点には上向きに kz の力がはたらくので,運動方程式は次式となる.

$$-m\frac{d^2 z}{dt^2} - \frac{6lEI}{ab(l^2 - b^2 - a^2)} z = 0 \qquad \therefore \frac{d^2 z}{dt^2} + \frac{6lEI}{mab(l^2 - b^2 - a^2)} z = 0$$

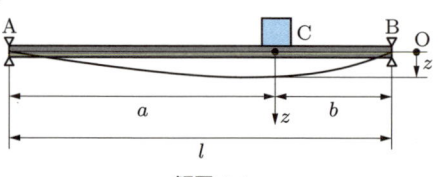

よって,固有角振動数 ω_n は次式で与えられる.

$$\omega_n = \sqrt{\frac{6lEI}{mab(l^2 - b^2 - a^2)}}$$

解図 4.1

4.2 図 4.8 の円板①と円板②を D 端側から見て,解図 4.2 に示す. 実際には 2 枚の円板は重なるが,回転角を明らかにしたいため,解図 4.2 では円板①を左側に,円板②を右側にずらして描いている. 円板①に対しては,中心 O_1 を通る水平線 O_1E から反時計方向に φ_1 座標をとり,円板②に対しては,中心 O_2 を通る水平線 O_2F から反時計方向に φ_2 座標をとって回転角を示す.

解図 4.2

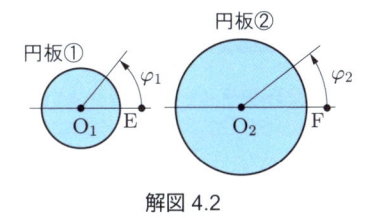

いま，円板①が φ_1 だけ角変位し，円板②が φ_2 だけ角変位したとすれば，円板②は軸 AB 部分を反時計方向に $\varphi_2 - \varphi_1$ だけねじるので，円板②は軸 AB を $k(\varphi_2 - \varphi_1)$ のトルクで反時計方向にねじる．ここで，k はねじりばね定数であり，式(4.6)で与えられる．

円板②が軸から受けるトルクに着目すれば，軸 AB は円板②を時計方向に $k(\varphi_2 - \varphi_1)$ のトルクでねじる．ここで，ねじりばね定数 k は，式(4.6)を再掲して次式で与えられる．

$$k = \frac{\pi G d^4}{32l}$$

そこで，円板②についてだけ着目すれば，角運動方程式は次式となる．

$$-J_2 \frac{d^2\varphi_2}{dt^2} - \frac{\pi G d^4}{32l}(\varphi_2 - \varphi_1) = 0 \qquad ①$$

円板②は軸 AB を $k(\varphi_2 - \varphi_1)$ のトルクで反時計方向にねじるが，このトルクで軸 AB は円板①を反時計方向にねじる．そこで，円板①にだけ着目すれば，角運動方程式は次式となる．

$$-J_1 \frac{d^2\varphi_1}{dt^2} + \frac{\pi G d^4}{32l}(\varphi_2 - \varphi_1) = 0 \qquad ②$$

式①に J_1 を，式②に J_2 を掛ければ，

$$\frac{\pi G d^4}{32l} J_1(\varphi_1 - \varphi_2) - J_1 J_2 \frac{d^2\varphi_2}{dt^2} = 0, \qquad -\frac{\pi G d^4}{32l} J_2(\varphi_1 - \varphi_2) - J_1 J_2 \frac{d^2\varphi_1}{dt^2} = 0 \qquad ③$$

となり，式③の 2 式の差をとれば次式を得る．

$$J_1 J_2 \left(-\frac{d^2\varphi_2}{dt^2} + \frac{d^2\varphi_1}{dt^2}\right) + \frac{\pi G d^4}{32l}(J_1 + J_2)(\varphi_1 - \varphi_2) = 0$$

$$J_1 J_2 \frac{d^2}{dt^2}(-\varphi_2 + \varphi_1) + \frac{\pi G d^4}{32l}(J_1 + J_2)(\varphi_1 - \varphi_2) = 0$$

$$\therefore \frac{d^2}{dt^2}(\varphi_1 - \varphi_2) + \frac{\pi G d^4}{32l} \frac{(J_1 + J_2)}{J_1 J_2}(\varphi_1 - \varphi_2) = 0$$

よって，固有角振動数 ω_n は次式で与えられる．

$$\omega_n = \sqrt{\frac{\pi G d^4}{32l} \frac{(J_1 + J_2)}{J_1 J_2}} \qquad ④$$

軸に 2 枚の回転体が取り付けられて回転している場合は，相対的な角変位 $\varphi_1 - \varphi_2$ は式④で与えられる固有角振動数 ω_n をもつ．もしも，円板に式④の角振動数で振動するトルクが与えられた場合，$\varphi_1 - \varphi_2$ が無限大となり，軸が破壊するので危険である．

第 5 章

5.1 図 5.10 に示すように x 座標を採用する．解図 5.1(a) に示すように，物体が x だけ変位したとき，①のダッシュポットのピストン部は物体に連結されているので，物体と同じく x だけ変位する．②のダッシュポットが λ 変位したとすれば，解図 5.1(b) に示すように，物体にはたらく力 F_m は次式で与えられる．

$$F_m = -kx - c_1(\dot{x} - \dot{\lambda}) \qquad ①$$

①のダッシュポットのシリンダーは②のシリンダーロッドから $c_2\dot{\lambda}$ で引かれ，①のダッシュポットのシリンダーのロッドは質量 m のロッドから右側に $c_1(\dot{x} - \dot{\lambda})$ で引かれる．すなわち，ダッシュポット①にはたらく力を描けば，解図 5.1(c) のようになる．ダッシュポット①の力のつり合い式より，次式が成立する（ダッシュポットの質量は無視しているので慣性抵抗はゼロとなる）．

$$-c_2\dot{\lambda} + c_1(\dot{x} - \dot{\lambda}) = 0, \qquad -c_2\dot{\lambda} + c_1\dot{x} - c_1\dot{\lambda} = 0, \qquad \dot{\lambda} = \frac{c_1}{c_1 + c_2}\dot{x} \qquad ②$$

式②を式①に代入すれば，F_m は次式となる．

$$F_m = -kx - c_1\dot{x} + c_1\dot{\lambda} = -kx - c_1\dot{x} + c_1\frac{c_1}{c_1 + c_2}\dot{x}$$

ゆえに，物体の運動方程式は次式で与えられる．

$$-m\ddot{x} - kx - c_1\dot{x} + c_1\frac{c_1}{c_1 + c_2}\dot{x} = 0$$

$$m\ddot{x} + \frac{c_1 c_2}{c_1 + c_2}\dot{x} + kx = 0$$

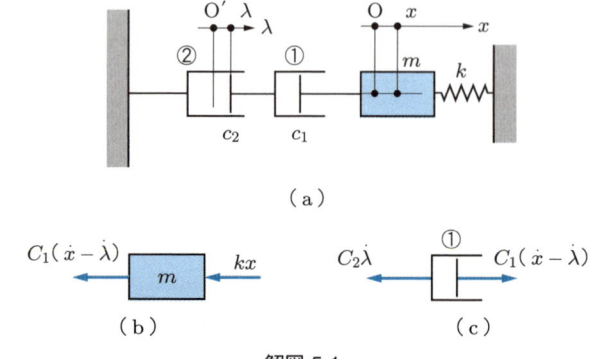

解図 5.1

5.2 系が微小振動するので小減衰となる．解図 5.2(a) に示すように，棒 ABC が反時計方向に θ だけ角変位したとすれば，点 B は $a\theta$ だけ変位し，点 C は $b\theta$ 変位する．いま，$0 < \dot{\theta}$ と仮定すれば，点 B の速さ $a\dot{\theta}$ も正になる．そこで，棒 ABC には，解図 5.2(b) に示すような力がはたらくので，角運動方程式は次式となる．

$$-J\frac{d^2\theta}{dt^2} - a \times c \times a\frac{d\theta}{dt} - b \times k \times b\theta = 0 \qquad ①$$

物体の点 A まわりの慣性モーメント J は，

（a）

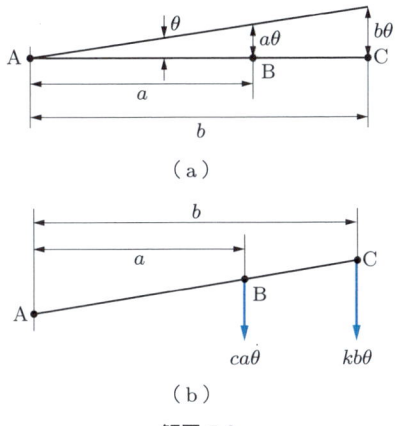

（b）

解図 5.2

$$J = ma^2$$

で与えられるので，この式を式①に代入して整理すれば，次式となる．

$$-ma^2\frac{\mathrm{d}^2\theta}{\mathrm{d}t^2} - c \times a^2\frac{\mathrm{d}\theta}{\mathrm{d}t} - b \times (kb\theta) = 0, \qquad ma^2\frac{\mathrm{d}^2\theta}{\mathrm{d}t^2} + c \times a^2\frac{\mathrm{d}\theta}{\mathrm{d}t} + k \times b^2\theta = 0$$

$$\therefore \quad \frac{\mathrm{d}^2\theta}{\mathrm{d}t^2} + \frac{c}{m}\frac{\mathrm{d}\theta}{\mathrm{d}t} + \frac{kb^2}{ma^2}\theta = 0 \qquad \text{②}$$

式②を次式のように変形する．

$$\frac{\mathrm{d}^2\theta}{\mathrm{d}t^2} + 2\frac{c}{2m}\frac{\mathrm{d}\theta}{\mathrm{d}t} + \left(\sqrt{\frac{kb^2}{ma^2}}\right)^2\theta = 0, \qquad \frac{\mathrm{d}^2\theta}{\mathrm{d}t^2} + 2\alpha\frac{\mathrm{d}\theta}{\mathrm{d}t} + \omega_n^2\theta = 0$$

ここで，α, ω_n は

$$\alpha = \frac{c}{2m}, \qquad \omega_n = \sqrt{\frac{kb^2}{ma^2}} \qquad \text{③}$$

であり，次式を満たす粘性減衰係数 c が臨界減衰係数 c_c となる．

$$\alpha^2 - \omega_n^2 = 0 \qquad \text{④}$$

式④に式③を代入して，

$$\left(\frac{c_c}{2m}\right)^2 - \frac{kb^2}{ma^2} = 0, \qquad c_c^2 = \frac{kb^2 \times 4m^2}{ma^2} = \frac{4b^2km}{a^2}, \qquad c_c = 2\frac{b}{a}\sqrt{km}$$

となる．また，減衰固有角振動数 ω_d は次式で計算できる．

$$\omega_d = \sqrt{\omega_n^2 - \alpha^2} = \sqrt{\frac{kb^2}{ma^2} - \left(\frac{c}{2m}\right)^2}$$

5.3 系が微小振動するので小減衰となる．解図 5.3 に示すように，静止の鉛直線 AOB から反時計回りに θ 座標をとる．いま，円板は解図 5.3 のように θ だけ角変位し，AO′B′ になったとする．このとき，点 O は円周方向に右方に $a\theta$ だけ変位するので，水平方向には $a\theta\cos\theta$ だけ移動する．円板の点 B′ の角速度を $\dot\theta$ とすれば，点 B′ の円周方向の移動速度は $2a\dot\theta$ となる．一方，$2a\dot\theta$ の水平方向成分は $2a\dot\theta\cos\theta$ となる．また，円板の中心 O′ に

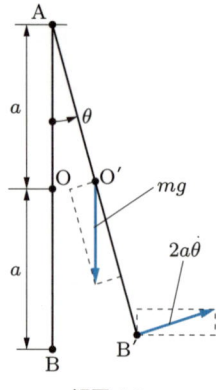

解図 5.3

は，下方に mg の重力がはたらく．解図 5.3 には矢印で，重力 mg と点 B' の円周方向速度 $2a\dot{\theta}$ が描かれている．ただし，円板の点 O' がばねから左方に押される力 $k \times a\theta\cos\theta$ とダッシュポットが点 B' を左方に引く力 $c \times 2a\dot{\theta}\cos\theta$ は図が煩雑になるので，解図 5.3 には描かれていない．

円板の点 A まわりの慣性モーメントを J とすれば，角運動方程式は次式となる．

$$-J\ddot{\theta} - 2a \times (c \times 2a\dot{\theta}\cos\theta)\cos\theta - a \times (k \times a\theta\cos\theta)\cos\theta - a \times (mg\sin\theta) = 0 \quad ①$$

ここで，角変位 θ は微小であるので，

$$\sin\theta \approx \theta, \quad \cos\theta \approx 1$$

であり，この式を式①に適用して整理すれば，次式を得る．

$$-J\ddot{\theta} - 4a^2 c\dot{\theta} - (ka^2 + amg)\theta = 0 \quad ②$$

円板の点 O まわりの慣性モーメント J_0 は，

$$J_0 = \frac{ma^2}{2}$$

で与えられるので，平行軸の定理を適用して，円板の点 A まわりの慣性モーメント J は次式で与えられる．

$$J = ma^2 + J_0 = ma^2 + \frac{ma^2}{2} = \frac{3ma^2}{2} \quad ③$$

式③を式②に代入して，

$$\ddot{\theta} + \frac{8a^2 c}{3ma^2}\dot{\theta} + \frac{2(ka^2 + amg)}{3ma^2}\theta = 0, \quad \ddot{\theta} + 2\alpha\dot{\theta} + \omega_n^2\theta = 0$$

となる．ここで，α, ω_n は

$$\alpha = \frac{4c}{3m}, \quad \omega_n = \sqrt{\frac{2(ka + mg)}{3ma}} \quad ④$$

であり，次式を満たす粘性減衰係数 c が臨界減衰係数 c_c となる．

$$\alpha^2 - \omega_n^2 = 0 \quad ⑤$$

式⑤に式④を代入して，
$$\left(\frac{4c_c}{3m}\right)^2 - \frac{2(ka+mg)}{3ma} = 0, \qquad c_c^2 = \frac{(ka+mg) \times 3m}{8a}$$
$$\therefore\ c_c = \sqrt{\frac{3m(ka+mg)}{8a}}$$
となる．また，減衰固有角振動数 ω_d は次式で計算される．
$$\omega_d = \sqrt{\omega_n^2 - \alpha^2} = \sqrt{\frac{2(ka+mg)}{3ma} - \left(\frac{4c}{3m}\right)^2}$$

第 6 章

6.1 式 (6.8) から，次式を得る．
$$x_n = \exp\left(\frac{2\pi\zeta}{\sqrt{1-\zeta^2}}\right) x_{n+1} \qquad \therefore\ x_{n+1} = \exp\left(-\frac{2\pi\zeta}{\sqrt{1-\zeta^2}}\right) x_n$$
振動の回数 $n=10$ と $n=11$ は無関係となるが，回数に $n=10$ を代入すると，題意より
$$x_{10+1} = 0.9 x_{10} = \exp\left(-\frac{2\pi\zeta}{\sqrt{1-\zeta^2}}\right) x_{10}$$
$$\therefore\ 0.9 = \exp\left(-\frac{2\pi\zeta}{\sqrt{1-\zeta^2}}\right) \qquad\qquad\qquad ①$$
となるので，式①の対数をとって整理すれば，次式を得る．
$$\log 0.9 = \left(-\frac{2\pi\zeta}{\sqrt{1-\zeta^2}}\right), \qquad \sqrt{1-\zeta^2}\log 0.9 = -2\pi\zeta$$
$$(1-\zeta^2)(\log 0.9)^2 = 4\pi^2\zeta^2, \qquad \zeta^2\left[4\pi^2 + (\log 0.9)^2\right] = (\log 0.9)^2$$
$$\zeta = \sqrt{\frac{(\log 0.9)^2}{4\pi^2 + (\log 0.9)^2}} = 0.0167662$$
式 (5.33) から
$$c = \zeta c_c = \zeta \times 2\sqrt{mk}$$
なので，この式に数値を代入して，粘性減衰抵抗 c は次のように計算される．
$$c = \zeta \times 2\sqrt{mk} = 0.0167662 \times 2\sqrt{5.0 \times 3000} = 4.107\ \text{kg/s}$$
減衰固有角振動数 ω_d は，式 (5.42) と式 (5.33) から，次式で与えられる．
$$\omega_d = \omega_n\sqrt{1-\zeta^2} = \sqrt{\frac{k}{m}}\sqrt{1-\zeta^2}$$
したがって，減衰固有角振動数 ω_d は次のように計算される．
$$\omega_d = \sqrt{\frac{k}{m}}\sqrt{1-\zeta^2} = \sqrt{\frac{3000}{5.0}} \times \sqrt{1-(0.0167662)^2} = 24.491\ \text{rad/s}$$

6.2 右側に動かされて手を離したときから最左端に移動するまでは，運動方程式は式 (6.33) と同じになるので，これを再掲して式①とする．

$$-m\ddot{x} - kx + F = 0 \quad \therefore \quad m\ddot{x} + kx = F \qquad ①$$

式(6.33)から式(6.41)までは同じ式が成立する．式(6.41)から，速度がゼロになるときの時刻が求められる．

$$t = \frac{\pi}{\omega_n} = \frac{\pi}{\sqrt{k/m}} = \frac{\pi}{\sqrt{30.0/2.0}} = 0.811156 \doteq 0.8112 \text{ s}$$

式(6.49)から，物体は山から谷まで $d = 2F/k$ だけ移動するので，次式を得る．

$$d = \frac{2F}{k} = \frac{2\mu mg}{k} = \frac{2 \times 0.2 \times 2.0 \times 9.80}{30} = 0.26133 \doteq 0.2613 \text{ m}$$

第 7 章

7.1 式(7.42)を再掲して式①とする．

$$\zeta = \frac{1}{2}\left(\frac{\omega_2}{\omega_n} - \frac{\omega_1}{\omega_n}\right) \qquad ①$$

式①に与えられている数値を代入して次式を得る．

$$\zeta = \frac{1}{2}\left(\frac{\omega_2}{\omega_n} - \frac{\omega_1}{\omega_n}\right) = 0.5(1.22 - 0.75) = 0.235$$

7.2 図 7.14 に示すように x 座標を採用する．物体が右方に x だけ変位したとすれば，物体の左端はばねから左方に kx の力で引かれる．ダッシュポットのシリンダーは $X_0 \sin\omega t$ で変位するので，シリンダーの速度は $X_0\omega\cos\omega t$ となる．ピストンは物体に固定されているので，ピストンの速度は $\dot{x}$ となる．シリンダーはピストンよりも $X_0\omega\cos\omega t - \dot{x}$ だけ速い速度で右側に移動する．すなわち，物体はダッシュポットによって右側に $c(X_0\omega\cos\omega t - \dot{x})$ で引かれる．ゆえに，物体の運動方程式は次式で与えられる．

$$-m\frac{d^2x}{dt^2} - kx + c(X_0\omega\cos\omega t - \dot{x}) = 0, \quad m\frac{d^2x}{dt^2} + c\dot{x} + kx = c\omega X_0\cos\omega t$$
$$①$$

> 参考：式①の運動方程式は，7.2 節の解法をまねて解けば次式を得られる（計算過程は 7.2 節と同程度に長いのでここでは省略したが，時間がある場合は解いてみてほしい）．
>
> $$\phi = \tan_2^{-1}\left(\frac{c\omega}{k - m\omega^2}\right) = \tan_2^{-1}\left(\frac{2\zeta\omega/\omega_n}{1 - \omega^2/\omega_n^2}\right) \qquad ②$$
>
> $$x = \frac{c\omega X_0/k}{\sqrt{(1 - \omega^2/\omega_n^2)^2 + (2\zeta\omega/\omega_n)^2}}\cos(\omega t - \phi) \qquad ③$$

第 8 章

8.1 図 8.1 を再掲して**解図 8.1** とする．質量 m の物体が剛性床にばね定数 k のばねと粘性減衰係数 c のダッシュポットで連結されている．解図 8.1 に示すように，物体の変位を y 座標で，床の変位を x 座標で与える．時間 $0 \leq t$ に対して，床は次式に従って動く．

$$x = X\sin\omega t \qquad ①$$

物体と床の相対変位を $z = y - x$ で表せば，z は式(8.8)を再掲して，次式で与えられる．

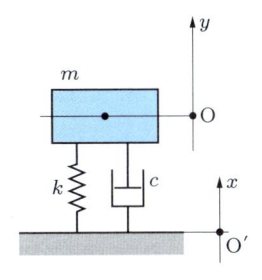

解図 8.1

$$z = \frac{X\omega^2/\omega_n^2}{\sqrt{(1-\omega^2/\omega_n^2)^2 + (2\zeta\omega/\omega_n)^2}} \sin(\omega t - \phi) = Z\sin(\omega t - \phi) \quad ②$$

ここで，位相角 ϕ は式(8.7)を再掲して，次式となる．

$$\phi = \tan_2^{-1}\left(\frac{2\zeta\omega/\omega_n}{1-\omega^2/\omega_n^2}\right) \quad ③$$

非減衰固有角振動数 ω_n，減衰比率 ζ，臨界減衰係数 c_c は，次式で与えられる．

$$\omega_n = \sqrt{\frac{k}{m}}, \qquad \zeta = \frac{c}{c_c}, \qquad c_c = 2m\sqrt{\frac{k}{m}} = 2m\omega_n$$

式②，③で $\zeta \to 0$ として，解図 8.1 の床に $x = X\sin\omega t$ の変位を与えたときの特解は，次式で与えられる．

$$z = \frac{X\omega^2}{\omega_n^2}\frac{1}{1-\omega^2/\omega_n^2}\sin(\omega t - \phi) \quad ④$$

このとき，式③より位相角 ϕ は

$$\phi = \tan_2^{-1}\left(\frac{2\zeta\omega/\omega_n}{1-\omega^2/\omega_n^2}\right) = 0$$

となるので，結局式④は次式となる．

$$z = \frac{X\omega^2}{\omega_n^2}\frac{1}{1-\omega^2/\omega_n^2}\sin\omega t \quad ⑤$$

8.2 練習問題 8.1 の式⑤を再掲して，式①とする．

$$z = \frac{X\omega^2}{\omega_n^2}\frac{1}{1-\omega^2/\omega_n^2}\sin\omega t \quad ①$$

$z = y - x$ の関係式より，物体の変位 y を求める．練習問題 8.1 の解答の式①の x と式⑦の z を用いて $y = z + x$ を計算すれば，次式となる．

$$y = z + x = \frac{X\omega^2}{\omega_n^2}\frac{1}{1-\omega^2/\omega_n^2}\sin\omega t + X\sin\omega t$$

$$= X\sin\omega t\left(1 + \frac{\omega^2}{\omega_n^2}\frac{1}{1-\omega^2/\omega_n^2}\right) = X\sin\omega t\left(1 + \frac{\omega^2}{\omega_n^2 - \omega^2}\right)$$

$$= X\sin\omega t\left(\frac{\omega_n^2/\omega^2}{\omega_n^2/\omega^2 - 1}\right) \quad ②$$

ここで，物体の変位は y で，床の変位は x で与えられる．式②で ω_n/ω を小さくすれば，次式に変わる．

$$y = X\sin\omega t\left(\frac{\omega_n^2/\omega^2}{\omega_n^2/\omega^2-1}\right) \approx -X\sin\omega t\,\omega_n^2/\omega^2$$

ω_n/ω を小さくすれば，物体の変位 y，すなわち建物の変位は小さくなる．ω_n/ω を小さくするためには，$\omega_n = \sqrt{k/m}$ を小さくすればよい．すなわち，k を小さくして m を大きくすればよい．建物の質量は十分に大きいので，建物をばね定数 k の小さなばねの上に載せるようにすれば，物体の変位 y は小さくなる．

第 9 章

9.1 図 9.12 に示すように x, y 座標を採用する．図 9.12 に示すように，物体が変位し，物体①の中心 O_1 の座標が (x_1, y_1) となり，物体②の中心 O_2 の座標が (x_2, y_2) となったとする．このとき，物体①と鉛直線とのなす角度を θ_1 とし，物体②と鉛直線とのなす角度を θ_2 とする．糸 OO_1 には張力 T_1 がはたらき，糸 $\mathrm{O}_1\mathrm{O}_2$ には張力 T_2 がはたらく．物体①と物体②にはたらく外力（重力と糸の張力）を，解図 9.1 に示す．

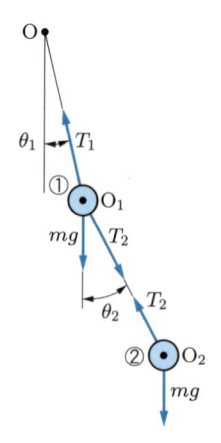

解図 9.1

物体②にはたらく上下方向の力のつり合いと，物体①にはたらく上下方向の力のつり合いより，次式を得る（物体の上下方向の $\ddot{y}_1$ と $\ddot{y}_2$ は非常に小さいので無視する）．

$$\left.\begin{array}{l} -T_2\cos\theta_2 + mg = 0 \\ -T_1\cos\theta_1 + T_2\cos\theta_2 + mg = 0 \end{array}\right\} \quad ①$$

ここで，θ_1 と θ_2 は微小であるので，

$$\cos\theta_1 \approx 1, \qquad \cos\theta_2 \approx 1, \qquad \frac{x_1}{l} = \sin\theta_1, \qquad \frac{x_2 - x_1}{l} = \sin\theta_2$$

であり，これらを式①に適用すると，T_1 と T_2 は次のように求められる．

$$-T_2 + mg = 0, \qquad -T_1 + T_2 + mg = 0$$
$$\therefore\ T_2 = mg, \qquad T_1 = 2mg$$

物体②の運動方程式を立てれば，

$$-m\ddot{x}_2 - T_2 \sin\theta_2 = 0, \qquad -m\ddot{x}_2 - mg \times \frac{x_2 - x_1}{l} = 0$$

$$\therefore \ \ddot{x}_2 + \frac{g}{l}x_2 - \frac{g}{l}x_1 = 0 \qquad ②$$

となり，同様に物体①の運動方程式を立てれば，次式となる．

$$-m\ddot{x}_1 - T_1 \sin\theta_1 + T_2 \sin\theta_2 = 0, \qquad -m\ddot{x}_1 - 2mg \times \frac{x_1}{l} + mg \times \frac{x_2 - x_1}{l} = 0$$

$$\ddot{x}_1 + 2g \times \frac{x_1}{l} - g \times \frac{x_2 - x_1}{l} = 0, \qquad \ddot{x}_1 + 2g \times \frac{x_1}{l} - \frac{g}{l}x_2 + \frac{g}{l}x_1 = 0$$

$$\therefore \ \ddot{x}_1 - \frac{g}{l}x_2 + \frac{3g}{l}x_1 = 0 \qquad ③$$

式②と式③の解を次式で仮定する．

$$x_1 = X_1 \cos\omega t, \qquad x_2 = X_2 \cos\omega t \qquad ④$$

ここで，X_1, X_2 は振幅である．式⑥を微分すると，

$$\ddot{x}_1 = -\omega^2 X_1 \cos\omega t, \qquad \ddot{x}_2 = -\omega^2 X_2 \cos\omega t \qquad ⑤$$

となり，式④と式⑤を式②と式③に代入して，$\cos\omega t$ の係数のみを書けば次式を得る．

$$-\omega^2 X_2 + \frac{g}{l}X_2 - \frac{g}{l}X_1 = 0, \qquad -\omega^2 X_1 - \frac{g}{l}X_2 + \frac{3g}{l}X_1 = 0$$

$$\therefore \ X_1\left(-\frac{g}{l}\right) + X_2\left(\frac{g}{l} - \omega^2\right) = 0, \qquad X_1\left(\frac{3g}{l} - \omega^2\right) + X_2\left(-\frac{g}{l}\right) = 0 \qquad ⑥$$

式⑥の係数行列式をゼロとすれば，

$$\left(-\frac{g}{l}\right)\left(-\frac{g}{l}\right) - \left(\frac{g}{l} - \omega^2\right)\left(\frac{3g}{l} - \omega^2\right) = 0$$

$$\frac{g^2}{l^2} - \left[\frac{3g^2}{l^2} - \left(\frac{g}{l} + \frac{3g}{l}\right)\omega^2 + \omega^4\right] = 0, \qquad \therefore \ \omega^4 - 2\times\frac{2g}{l}\omega^2 + \frac{2g^2}{l^2} = 0 \qquad ⑦$$

となるので，式⑦を解いて次式を得る．

$$\omega^2 = \frac{2g}{l} \pm \sqrt{\left(\frac{2g}{l}\right)^2 - \frac{2g^2}{l^2}} = \frac{2g}{l} \pm \sqrt{\frac{2g^2}{l^2}} = \frac{g}{l}(2\pm\sqrt{2})$$

$$\therefore \ \omega_1 = \sqrt{\frac{g}{l}(2-\sqrt{2})}, \qquad \omega_2 = \sqrt{\frac{g}{l}(2+\sqrt{2})}$$

したがって，振幅比 X_1/X_2 を ω_1 の値について求めれば，

$$\frac{X_1}{X_2} = \frac{g/l}{3g/l - \omega^2} = \frac{g/l}{3g/l - (2-\sqrt{2})g/l} = \frac{g/l}{g/l + \sqrt{2}g/l} = \frac{1}{1+\sqrt{2}} = 0.4142$$

となり，同様に振幅比 X_1/X_2 を ω_2 の値について求めれば，次式となる．

$$\frac{X_1}{X_2} = \frac{g/l}{3g/l - \omega^2} = \frac{g/l}{3g/l - (2+\sqrt{2})g/l} = \frac{g/l}{g/l - \sqrt{2}g/l} = \frac{1}{1-\sqrt{2}} = -2.414$$

9.2 図9.13に示すように，右側の物体が θ_1 だけ左側の小物体が θ_2 だけ角変位したとする．このとき，$\theta_2 < \theta_1$ と仮定すれば，ばねは $a\sin\theta_1 - a\sin\theta_2$ 伸びるので，左右の剛性棒を $k \times a(\sin\theta_1 - \sin\theta_2)$ の力で引く．左右の剛性棒にはたらく力を示せば，解図9.2に示すようになる．左右の物体は小さいので，点 O_1 と点 O_2 まわりの慣性モーメントは ml^2 となる．そこで，右側の棒と左側の棒の角運動方程式は次式となる．

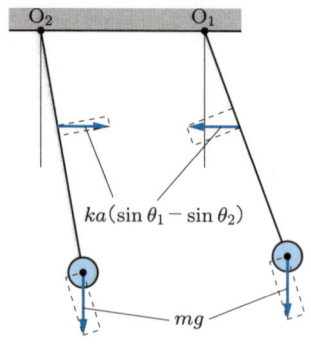

解図 9.2

右側： $-ml^2\ddot{\theta}_1 - ka(\sin\theta_1 - \sin\theta_2) \times \cos\theta_1 \times a - mg \times \sin\theta_1 \times l = 0$ ①

左側： $-ml^2\ddot{\theta}_2 + ka(\sin\theta_1 - \sin\theta_2) \times \cos\theta_2 \times a - mg \times \sin\theta_2 \times l = 0$ ②

θ_1 と θ_2 は微小で，

$$\cos\theta_1 \approx 1, \qquad \sin\theta_1 \approx \theta_1, \qquad \cos\theta_2 \approx 1, \qquad \sin\theta_2 \approx \theta_2 \qquad ③$$

であるので，式③を式①，②に適用して次式を得る．

$$-ml^2\ddot{\theta}_1 - ka^2(\theta_1 - \theta_2) - mg\theta_1 l = 0$$
$$-ml^2\ddot{\theta}_2 + ka^2(\theta_1 - \theta_2) - mg\theta_2 l = 0 \qquad ④$$

式④の解を次式で仮定する．

$$\theta_1 = T_1\cos\omega t, \qquad \theta_2 = T_2\cos\omega t \qquad ⑤$$

式⑤を式④に代入すると，

$$\left.\begin{array}{l} -ml^2 T_1(-\omega^2)\cos\omega t - ka^2(T_1 - T_2)\cos\omega t - mglT_1\cos\omega t = 0 \\ -ml^2 T_2(-\omega^2)\cos\omega t + ka^2(T_1 - T_2)\cos\omega t - mglT_2\cos\omega t = 0 \end{array}\right\} \qquad ⑥$$

となり，式⑥を整理すれば次式を得る．

$$\left.\begin{array}{l} T_1(ml^2\omega^2 - ka^2 - mgl) + T_2(ka^2) = 0 \\ T_1(ka^2) + T_2(ml^2\omega^2 - ka^2 - mgl) = 0 \end{array}\right\} \qquad ⑦$$

ここで，式⑦の係数行列式をゼロとおけば，次の振動数方程式が得られる．

$$(ml^2\omega^2 - ka^2 - mgl)^2 - (ka^2)^2 = 0$$
$$(ml^2\omega^2 - ka^2 - mgl + ka^2)(ml^2\omega^2 - ka^2 - mgl - ka^2) = 0$$
$$(ml^2\omega^2 - mgl)(ml^2\omega^2 - 2ka^2 - mgl) = 0$$
$$\omega^2 = \frac{g}{l}, \qquad \omega^2 = \frac{2ka^2 + mgl}{ml^2} = \frac{2ka^2}{ml^2} + \frac{g}{l}$$
$$\therefore\ \omega_1 = \sqrt{\frac{g}{l}}, \qquad \omega_2 = \sqrt{\frac{g}{l} + \frac{2ka^2}{ml^2}}$$

式⑦より，

$$\frac{T_1}{T_2} = \frac{-(ml^2\omega^2 - ka^2 - mgl)}{ka^2} \qquad ⑧$$

なので，式⑧に ω_1 を代入して次式を得る．
$$\frac{T_1}{T_2} = \frac{-(ml^2 g/l - ka^2 - mgl)}{ka^2} = 1$$
同様に，式⑧に ω_2 を代入して次式を得る．
$$\frac{T_1}{T_2} = -\frac{1}{ka^2}\left[ml^2\left(\frac{2ka^2}{ml^2} + \frac{g}{l}\right) - ka^2 - mgl\right] = \frac{-2ka^2 - mgl + ka^2 + mgl}{ka^2} = -1$$

9.3 解図 9.3 の下側の質点を①とし，上側の質点を②とする．解図 9.3 に示すように x_0, x_1, x_2 座標を採用する．地盤が x_0 変位し，質点①が x_1，質点②が x_2 変位したとする．質点①と質点②を切り出して，解図 9.4 にはたらく力を矢印で示した．質点①と質点②についての運動方程式は次式となる．

$$-m\frac{d^2 x_1}{dt^2} - k(x_1 - x_0) + k(x_2 - x_1) = 0, \qquad -m\frac{d^2 x_2}{dt^2} - k(x_2 - x_1) = 0$$

$$\therefore\ m\frac{d^2 x_1}{dt^2} + 2kx_1 - kx_2 = kx_0, \qquad m\frac{d^2 x_2}{dt^2} + k(x_2 - x_1) = 0 \qquad ①$$

式①に，問題で与えられている $x_0 = u_0 \sin\omega t$ を代入して，次式となる．

$$\left. \begin{array}{l} m\dfrac{d^2 x_1}{dt^2} + 2kx_1 - kx_2 = ku_0 \sin\omega t \\[2mm] m\dfrac{d^2 x_2}{dt^2} + k(x_2 - x_1) = 0 \end{array} \right\} \qquad ②$$

式②の解を
$$x_1 = X_1 \sin\omega t, \qquad x_2 = X_2 \sin\omega t \qquad ③$$
と仮定し，式③を式②に代入すると，次式を得る．

$$\left. \begin{array}{l} (-m\omega^2 + 2k)X_1 - kX_2 = ku_0 \\ -kX_1 + (-m\omega^2 + k)X_2 = 0 \end{array} \right\} \qquad ④$$

ここで，式④にクラメールの公式を適用すると，

$$X_1 = \begin{vmatrix} ku_0 & -k \\ 0 & -m\omega^2 + k \end{vmatrix} \Big/ \begin{vmatrix} -m\omega^2 + 2k & -k \\ -k & -m\omega^2 + k \end{vmatrix} = \frac{ku_0(-m\omega^2 + k)}{(-m\omega^2 + 2k)(-m\omega^2 + k) - k^2}$$
⑤

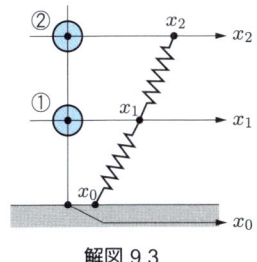

解図 9.3 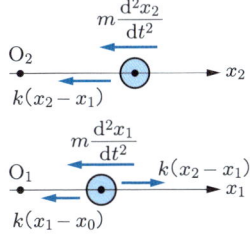　　　　　　　　　解図 9.4

$$X_2 = \begin{vmatrix} -m\omega^2+2k & ku_0 \\ -k & 0 \end{vmatrix} \bigg/ \begin{vmatrix} -m\omega^2+2k & -k \\ -k & -m\omega^2+k \end{vmatrix} = \frac{k^2 u_0}{(-m\omega^2+2k)(-m\omega^2+k)-k^2} \quad ⑥$$

となるので，式⑤と式⑥を式③に戻して次式を得る．

$$\left. \begin{aligned} x_1 &= \frac{ku_0(-m\omega^2+k)}{(-m\omega^2+2k)(-m\omega^2+k)-k^2}\sin\omega t \\ x_2 &= \frac{k^2 u_0}{(-m\omega^2+2k)(-m\omega^2+k)-k^2}\sin\omega t \end{aligned} \right\}$$

第 10 章

10.1 式(10.16)を再掲して式①とする．

$$\omega_n = \sqrt{\frac{k}{m}} \qquad ①$$

ばね定数 k は，式(10.2)を再掲して式②とする．

$$k = \frac{6EIl}{ab(l^2-b^2-a^2)} \qquad ②$$

与えられている数値を式②に代入して次式となる．

$$k = \frac{6EIl}{ab(l^2-b^2-a^2)} = \frac{6 \times 0.3}{0.2 \times 0.1(0.3^2-0.1^2-0.2^2)}EI = 2250.0 EI$$

また，断面二次モーメント I を計算すれば，次式となる．

$$I = \frac{\pi}{64}d^4 = \frac{\pi \times (0.01)^4}{64} = 4.908739 \times 10^{-10}$$

したがって，式①に数値を代入して危険角振動数 ω_n を計算すると，次式となる．

$$\omega_n = \sqrt{\frac{2250.0 \times 206.0 \times 10^9 \times 4.908739 \times 10^{-10}}{0.45}}$$

$$= \sqrt{\frac{2250.0 \times 206.0 \times 4.908739}{0.45 \times 10}} = 771.06$$

さらに，危険速度 n_c で与えれば，次式となる．

$$n_c = \frac{60\omega_n}{2\pi} = 6790.1 = 6790 \text{ rpm}$$

10.2 円板の中心の変位量を r とすれば，危険角速度 ω_c で回転している場合は式(10.41)で与えられる．この式から時間 t を求めれば，式①となる．

$$r = \frac{e\omega_c}{2}t \quad \therefore \quad t = \frac{2r}{e\omega_c} \qquad ①$$

練習問題 10.1 で求められている危険角振動数 ω_c を，式②に再掲する．

$$\omega_c = 771.06 \text{ [rad/s]} \qquad ②$$

式①に与えられている数値を代入すれば，次式となる．

$$t = \frac{2r}{e\omega_c} = \frac{2 \times 0.02}{0.000035 \times 771.06} = 1.482 \text{ s}$$

付録 A

A.1 弾丸が小物体に衝突後,一体となって動くときの速度を v_{m+M} とすれば,運動量保存の法則から,次のように計算される.

$$mv_0 = (m+M)v_{m+M} \quad \therefore \quad v_{m+M} = \frac{m}{m+M}v_0$$

図 A.5 に示すように x 座標を採用する.衝突後の物体が x だけ変位したとすれば,物体には左向きに kx の力がはたらくので,運動方程式は次式で与えられる.

$$-(m+M)\frac{d^2x}{dt^2} - kx = 0 \quad \therefore \quad (m+M)\frac{d^2x}{dt^2} + kx = 0 \quad ①$$

初期条件は,時刻 $t=0$ で衝突したとすれば,次式で与えられる.

$$x = 0 \quad (t=0)$$

$$\frac{dx}{dt} = \frac{m}{(m+M)}v_0 \quad (t=0)$$

式①をラプラス変換して,次式を得る.

$$(m+M)\left(s^2X(s) - s \times 0 - \frac{m}{m+M}v_0\right) + kX(s) = 0$$

$$X(s)[(m+M)s^2 + k] = mv_0$$

$$X(s) = \frac{m}{(m+M)s^2 + k}v_0 = \frac{mv_0}{(m+M)[s^2 + k/(m+M)]}$$

$$\therefore \quad X(s) = \frac{mv_0}{(m+M)\sqrt{k/(m+M)}} \times \frac{\sqrt{k/(m+M)}}{s^2 + [\sqrt{k/(m+M)}]^2}$$

したがって,表 A.1 を用いてラプラス逆変換すれば,次式を得る.

$$x = \frac{mv_0}{(m+M)\sqrt{k/(m+M)}}\sin\left[\sqrt{\frac{k}{m+M}}\,t\right]$$

索 引

あ 行

1質点系　14
1周期のエネルギー減衰率　54
1自由度の振動系　14
一般解　63
移動定理　119
円振動数　19
オイラーの公式　40

か 行

角運動方程式　7
加速度計　82
緩衝機　36
緩衝容器　36
慣性抵抗　6
慣性モーメント　7
機械力学　14
機器　13
危険角振動数　110
危険速度　106
基礎部　79
基本解　63
共振　14, 68
強制振動　14, 62
クラメールの公式　84
限界減衰　46
減衰器　36
減衰固有角振動数　45
減衰振動　36
減衰比　43
工学単位系　3
固有角振動数　17, 43

さ 行

サインインパルス　120
座標値　4
時間　1
地震計　81, 82
システム　5
質量　2
周期　18
自由振動　14
重力単位系　3
小減衰　45
初期条件　16
振動している　13
振動数　19
振幅　18
振幅倍率　67

た 行

大減衰　44
対数減衰率　52
ダッシュポット　36
単位　1
単位関数　117
単振動　18
弾性ひずみエネルギー　54
力　2
調和振動　18
直交軸の定理　10
抵抗力　37
伝達率　73
動吸振器　103
特解　63

な 行

長さ　1
ニュートン　2
粘性減衰係数　37
粘性抵抗　37

は 行

非減衰固有角振動数　43
非減衰振動　36
微分方程式　6
物体の運動方程式　6
フーリエ級数　116
浮力　19
ブロムウィッチ積分路　117
平行軸の定理　12
ヘルツ　20

変位　4
変位計　81
偏心量　109

ま 行

メタセンター　34
メタセンター高さ　34

ら 行

ラプラス逆変換する　117
ラプラス像空間　116
ラプラス変換　116
ラプラス変換する　116
臨界減衰係数　43
連立微分方程式　91
ロピタルの定理　77

著者略歴

伊藤　勝悦（いとう・しょうえつ）
1968 年　秋田大学鉱山学部機械工学科卒業
1973 年　八戸工業大学工学部機械工学科助教授
1980 年　工学博士（東北大学）
1981 年　日本機械学会賞論文賞受賞
1987 年　神奈川大学工学部教授
2016 年　神奈川大学名誉教授
著　書　「弾性力学入門」（森北出版，2006 年）
　　　　「基礎から学べる材料力学」（森北出版，2011 年）
　　　　「工業力学入門（第 3 版）」（森北出版，2014 年）
　　　　「やさしく学べる材料力学」（第 3 版）（森北出版，2014 年）

編集担当　福島崇史（森北出版）
編集責任　富井　晃・上村紗帆（森北出版）
組　　版　アベリー
印　　刷　創栄図書印刷
製　　本　同

基礎から学べる機械力学　　　　　　　　　　© 伊藤勝悦　2015

2015 年 9 月 30 日　第 1 版第 1 刷発行　　【本書の無断転載を禁ず】
2018 年 11 月 20 日　第 1 版第 2 刷発行

著　者　伊藤勝悦
発行者　森北博巳
発行所　森北出版株式会社

　　　東京都千代田区富士見 1-4-11（〒102-0071）
　　　電話 03-3265-8341／FAX 03-3264-8709
　　　http://www.morikita.co.jp/
　　　日本書籍出版協会・自然科学書協会　会員
　　　JCOPY ＜(社)出版者著作権管理機構　委託出版物＞

落丁・乱丁本はお取替えいたします．
Printed in Japan／ISBN978-4-627-65041-1

図書案内　森北出版

工業力学入門 第3版
伊藤勝悦／著
菊判・240頁　定価（本体 2400円＋税）　ISBN978-4-627-66253-7

工業力学の定番教科書の改訂版．レイアウトも見直し，さらにポイントがわかりやすくなった．すべての練習問題に詳細な解答が付いたため，例題で基本を学び，練習問題で考える力を養い，詳細解答で確認するという，とても学びやすい構成となっている．独習・自習・復習に最適の一冊．

やさしく学べる材料力学 第3版
伊藤勝悦／著
菊判・256頁　定価（本体 2600円＋税）　ISBN978-4-627-66193-6

長年にわたり多くの大学・高専でテキスト採用の実績がある教科書の改訂版．今回の改訂では，カステリアーノの定理の解説を追加したほか，すべての問題に詳細解答をつけた．また，わかりにくかった箇所にも補足説明を加えるなど全体を見直した．

基礎から学べる材料力学
伊藤勝悦／著
菊判・176頁　定価（本体 2400円＋税）　ISBN978-4-627-66841-6

材料力学をはじめて学ぶ人のための入門テキスト．ポイントをつかんだ説明や，2色でイメージしやすい図，ていねいな式の導出，詳しい解答が付いた例題・演習問題，理解度を確認できる章末のチェック項目など初学者向けの配慮がされている．

弾性力学入門
―ていねいな数式展開で基礎をしっかり理解する
伊藤勝悦／著
菊判・232頁　定価（本体 3200円＋税）　ISBN978-4-627-66601-6

出てくる数式のすべてを目で追える程度に詳しく数式展開し，わかりやすく解説した初学者向け入門テキスト．Web版補遺に有限要素法と数値ラプラス逆変換についての解説を追加しており，森北出版ホームページよりダウンロードが可能．

定価は2015年9月現在のものです．現在の定価等は弊社Webサイトをご覧下さい．

http://www.morikita.co.jp